# 人，为什么需要存在感

## 罗洛·梅谈死亡焦虑

杨韶刚 著 / 心理学大师解读系列

北京联合出版公司

这张照片摄于1970年前后，在此前的1969年，罗洛·梅因出版其名著《爱与意志》而名声大振，《纽约时报》书评栏将此书赞誉为"本年度最重要的书"，很多评论家称其为"里程碑式的著作"。罗洛·梅一时风头无两，成为美国存在主义心理学的风云人物。

20世纪70年代的罗洛·梅意气风发，先后担任美国哈佛大学等几所大学的访问教授和资深学者，美国精神分析学会主席等职务。此时的罗洛·梅深切地感受到生命的生生不息，那种生长、繁衍、衰亡、再生的永恒回归，是人生旅程中悲愁与高歌的一部分，但他也意识到，人生短暂的存在就是为了要超越这种永恒的回归，找到生而为人的真实的存在感。

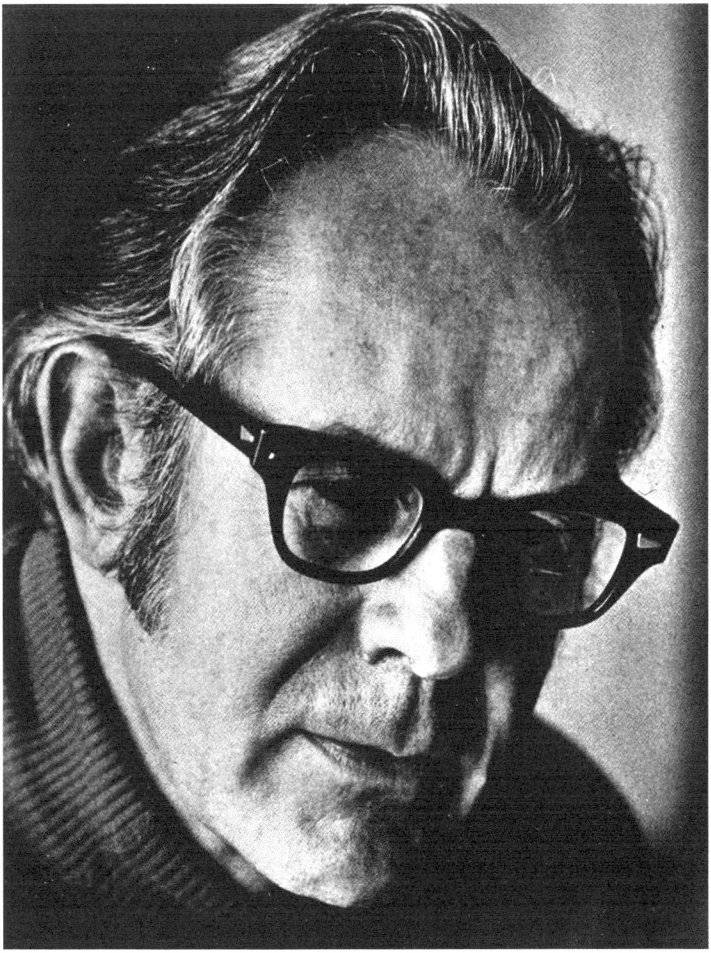

*Catalogue*
目 录

# 导　言　罗洛·梅其人其事 / 001

童年生活的磨难 / 004

内在心理探索的肇始 / 006

神学思想的启蒙 / 010

致命疾病的心灵启示 / 015

存在主义哲学的召唤 / 017

存在主义分析的创立 / 023

心理医生的使命 / 035

"死亡之所以具有意义，只是因为有了生命" / 043

002　人，为什么需要存在感

## 第一章　罗洛·梅的存在主义分析观 / 049

以存在感为基础的人的科学 / 054

构成存在感的四个要素 / 061

存在感的自我体验 / 070

每个人都同时生活在三个世界 / 080

时空存在的超越 / 088

## 第二章　现代人的焦虑 / 097

焦虑起源之争 / 101

焦虑与自由选择 / 107

焦虑的本质 / 117

现代人的焦虑根源 / 124

人与焦虑的对抗 / 137

## 第三章　爱的价值与追求 / 141

爱是一种创造性活力 / 145

性与爱的整合 / 158

爱蕴含着大量的死亡感 / 171

## 第四章 寻求健康人格 / 175

人格危机源自何方 / 178

人格的四个发展阶段 / 195

创造性、勇气与健康人格 / 202

## 第五章 存在主义心理治疗 / 229

造成心理疾病的原因 / 233

心理治疗的原则和阶段 / 241

善与恶，都不能随意铲除 / 254

自由与命运 / 264

## 后 记 / 277

# 导　言　罗洛·梅其人其事
Introduction

罗洛·黎斯·梅（Rollo Reece May，1909—1994）是美国最负盛名的存在主义心理学家和最值得重视的思想家之一，是把欧洲的存在主义心理学（existentialist psychology）移植到美国，并在美国创立了具有美国特色的存在主义心理学和存在主义心理治疗的主要代表人物，也是20世纪60年代在美国兴起的人本主义心理学（humanistic psychology）的主要倡导者之一。他继承并发展了弗洛伊德的精神分析理论，因而也被称为存在主义的精神分析学家。他和亚伯拉罕·马斯洛（Abraham Maslow，1908—1970）、卡尔·罗杰斯（Carl Rogers，1902—1987）等人共同开创了美国人本主义心理学，并且形成了具有存在主义倾向的人本主义研究取向，因而又被称为存在主义的人本主义心理学家。时至今日，他开创的美国存在主义心理学和存在主义心理治疗已成为国际心理学研究和心理治疗实践中一支非常重要的力量。

## 童年生活的磨难

罗洛·梅于1909年4月21日生于美国俄亥俄州的艾达镇。他的父母生了六个孩子，除了一个姐姐之外，他是最大的男孩子。或许是不良的家庭教育环境所致，他的姐姐从小就患有严重的精神疾病。他的父亲名叫厄尔·提特尔·梅（Earl Tittle May），母亲名叫玛蒂·博顿·梅（Matie Boughton May）。罗洛·梅的童年生活深受其父亲和母亲影响，他的父亲当时在一家旅行社内部的基督教青年会（YMCA）担任秘书，经常需要更换工作地点，因此罗洛·梅童年时代的家庭居住地经常变换。母亲长期受情绪波动困扰，是个心理不太健康的家庭主妇，因而也很难负责任地照料家庭和孩子。在这样的家庭环境中，作为长子的罗洛·梅很早就不得不承担起照料四个弟弟妹妹的责任。罗洛·梅自己也承认，他的早年生活并不快乐，家庭生活充满了困顿。他的父母都未受过良好的教育，对子女的教育也不太关注。因此，罗洛·梅早期生活中的家庭和教育环境是相当差的，当他的姐姐因患精神病而精神崩溃时，他的父亲甚至把她的病归咎于受教育太多。

罗洛·梅出生后不久，全家因父亲的工作搬往密歇根州的麦里恩市，在那里他度过了自己的大部分童年时光。他记得在孩提时代，他的家庭生活是很不愉快的，父母经常吵架。罗洛·梅对父母双方都不特别亲近。按照罗洛·梅的描述，他的母亲是一个"到处咬人的疯狗"，父亲则是一个很不安分的人，总喜欢搬家。长期争吵的父母以离婚而告终。

为了摆脱家庭中的争吵，罗洛·梅在他家附近的圣克莱尔河畔发现了一个与世隔绝的地方。这条河是美国密歇根州和加拿大安大略省的界河，也是五大湖之一的休伦湖的出水口。它向南流入圣克莱尔湖，全长64公里，现在是个著名的旅游胜地。但在当时的美国，这里人口不多，相对比较安静。这条河成了罗洛·梅小时候寻求心灵安宁的一个心旷神怡的场所：夏天他可以在河里尽情畅游，冬天他便在河面上自由自在地滑冰。后来他声称自己在这条河上学到的东西比他在麦里恩市的学校里学到的都多。虽然在他的童年生活中有许多不愉快甚至痛苦的回忆，但他始终不屈地与个人的命运进行抗争，童年生活中的这些经历反而促成了他对心理学和心理治疗的兴趣，或许这也是导致他更关注人生存在意义和价值探寻，寻找人之存在感的原初之因。

## 内在心理探索的肇始

罗洛·梅的小学、中学和最初上的大学都位于密歇根州。他在密歇根州立农业与实用科学学院（Michigan State College of Agriculture and Applied Science，1955年改为密歇根州立大学）上大学时主修的是英语，这和他青年时代对文学与艺术的兴趣是分不开的，而且这种兴趣始终伴随着他，在他后来的一系列著作中得到了充分的体现。但是，由于他在密歇根州立农业与实用科学学院里担任了一份激进的学生杂志的编辑，经常在杂志上刊发一些比较激进的文章，不久他就受到校方的注意，被勒令退学了。在此之后，罗洛·梅转学到俄亥俄州的欧柏林学院（Oberlin College），在艺术系学习绘画，并于1930年在该校获得文学学士学位。

经过大学时代系统的美术训练，他对绘画的兴趣愈益浓厚。从欧柏林学院毕业后，罗洛·梅参加了一个由艺术家组成的旅行团，游历欧洲各国，进行绘画创作和研究自然艺术。他走过的这一段历程非常类似美国新精神分析学家爱利克·埃里克森（Erik Erikson，1902—1994）在罗洛·梅之前10年的欧洲经历。1920年，埃里克森曾在高中毕业后周游欧洲。他想成为一名艺术家，曾举办过画展。但他在欧洲结识了精神分析创立者弗洛伊德（Sigmund Freud，1856—1939）的女儿安娜·弗洛伊德（Anna Freud，1895—1982），虽然最终埃里克森没有成为艺术家，但在安娜的训练下，他成为一名精神分析师。罗洛·梅在希腊教了三年英语，但他对这段教学经历的感受并不愉快，后来他在欧洲绘画、旅游期间参加了个体心理学创立者、精神分析学家阿尔弗雷德·阿德勒（Alfred Adler，1870—1937）组织的暑期研讨班，这使他走上了心理咨询和治疗之路。

1931年，罗洛·梅先在希腊北部港口城市萨洛尼卡市的安纳托利亚学院（Anatolia College，这是美国人在希腊开办的一所学校）里教授英语，从事这项工作使他有时间和费用到欧洲其他国家旅游、绘画以及参观画廊和博物馆等。他游遍了整个希腊，还到过奥地利、波兰、土耳其和罗马尼亚等国家考察原始民族，研究他们本土原生的、非学术性的自然艺术。这些旅游和考察的经历极大地开阔了他的视野。但是，在欧洲的第二年，罗洛·梅觉得自己的心绪似乎有些紊乱，他开始感到心灵非常空虚和孤独，对人生充满了困惑和迷茫。平时只有他们几位美国教师在一起，而希腊的学生们似乎并不太喜欢他们，他想全力以赴地投入到教学工作中，以摆脱这种心理困境，但他越是努力地工作，就越是感到心烦意乱。虽然古希腊文化艺术的奇迹使他兴趣盎然，但那些偶然的旅游仍然无法有效地解除他的孤独感。在罗洛·梅晚年出版的《我对美的追求》（*My Quest for Beauty*，1985）一书中，他对自己的这段人生经历做了透彻的心理反思：

> 终于在第二年春天，我患了可以委婉地称之为"精神崩溃"的病。这简直意味着我赖以工作和生活的那些规律、原则、价值观都再也不能满足需要了。我感到疲劳至极，不得不卧床休息了两个星期，以便获得足够的能量来继续我的教学。我在大学时就学过许多心理学课程，知道这些症状意味着我的整个生活方式出现问题了。我必须为我的生活找到某些新的目标和目的，并且放弃我那种道德说教的、略带僵化的存在方式。在当今时代的美国，我可能就会去找心理治疗师了，但当时是1931年，我处在只有少数人讲我这种语言的心理学早期文化中。我能怎么办呢？①

大约从这时起，罗洛·梅开始注意倾听他那发自内心的声音。在他听来，这是一个向他谈论美的内在声音。他说："当我听到了这个声音，我就觉得我以前的全部生活方式似乎都土崩瓦解了。"②

---

① May R. My Quest for Beauty[M]. San Fransisco: Saybrook,1985.
② May R. My Quest for Beauty[M]. San Fransisco: Saybrook,1985.

实际上，我们可以把他的这段时期视为进行内在心理探寻的肇始。

对罗洛·梅青年时代生活产生重大影响的另一个事件是他与精神分析学派的早期代表、个体心理学的创立者阿德勒的联系与交往。1932年6月，罗洛·梅参加了在维也纳山区的一个避暑胜地举办的阿德勒暑期研讨班。在这里他有幸和阿德勒一起"研究、交流和进行亲密的讨论"。两人甚至一度朝夕相处，经常在一起促膝长谈。尽管后来罗洛·梅也表示对阿德勒那种"过分简单化和笼统"的观点持不同看法，但罗洛·梅在当时非常欣赏阿德勒的观点，后者关于人类行为、人类本性等方面的诸多见解给了罗洛·梅很多启发。三年的欧洲之行和他个人的生活体验使他意识到人类本性中悲剧性的一面，或许这种悲观色彩与精神分析的性恶论观念有不可分割的关联。从某种意义上说，这三年的欧洲之行是促使他把兴趣转向心理学的一个重要转折点。

## 神学思想的启蒙

回到美国之后，罗洛·梅从1934年至1936年在他最初的母校密歇根州立农业与实用科学学院担任学生心理咨询员，并且在该校负责编辑一份学生杂志，但此后不久他就被纽约协和神学院（Union Theological Seminary）录取为学生。美国人本主义心理学的另一位重要代表人物卡尔·罗杰斯比他早10年曾在同一所神学院学习过。但是和罗杰斯当时的想法不同，罗洛·梅进入神学院并不是想当个牧师，而是想从神学中探讨关于人类本性的根本问题。在协和神学院期间，他幸运地结识了当时已很有名望的德国存在主义神学家和哲学家保罗·蒂利希（Paul Tillich, 1886—1965）、莱茵霍尔德·尼布尔（Reinhold Niebuhr, 1892—1971）。可以说，正是与二人的交往，让梅接触到了一个新的天地，也正是通过与蒂利希的终生友谊，梅才第一次系统地接受了存在主义哲学和神学思想，特别是了解了源自欧洲的索伦·克尔恺郭尔（Søren Kierkegaard, 1813—1855）和马丁·海德格尔（Martin Heidegger, 1889—1976）等人的存在主义哲学思想。

保罗·蒂利希原是德国人，曾在德国柏林、马堡、德累斯顿、莱比锡和法兰克福等地的大学教授哲学和神学，着重研究和分析当时欧洲社会的人类生存状况、宗教文化、历史意义以及政治和社会问题等。蒂利希非常关注人类的精神自由和存在的意义，并对希特勒的纳粹主义观点提出强烈批评，因而在1933年被德国纳粹开除教职，也不允许他在德国的大学里任教。他后来自嘲地说，他是第一个"获此殊荣"的德国非犹太人学者。当时正在德国访问的莱茵霍尔德·尼布尔极力劝说他移居美国。来到美国后，蒂利希应邀担任了纽约协和神学院的系统神学和宗教哲学教授，同时还兼任哥伦比亚大学教授。他相信宗教问题起源于人类的困境，因而研究宗教问题不仅具有理论意义，更具有实用意义。蒂利希是美国存在主义神学的典型代表，在第二次世界大战后，他作为"向怀疑者传教的使徒"受到美国学界的高度关注和尊重。1955年，他从美国纽约协和神学院退休，随后被哈佛大学聘为大学教授。1962年他任教于芝加哥大学，该校为他专门创设了一个神学特别教席。

蒂利希的教学和讲座涉及人生意义的探索性对话，因而吸引了大量的研究生和本科生。他的两本畅销书《存在的勇气》（*The Courage to Be*，1952）和《信仰的动力学》（*Dynamics of Faith*，1957）展现出对人类存在状态和精神价值的深切关怀。他认为在现代社会中，人类面临着许多存在的困境，当我们面临死亡、精神上的罪疚感和无意义的人生时，我们不可避免地会产生存在的焦虑。只有使自己全身心地参与到与他人的社会交往中，一个人才能获得存在的勇气，这种参与包括得到别人的承认，最终达到自我认可等。我认为，这是蒂利希从存在主义哲学视角对人类价值存在的经典论述。蒂利希虽然是一位神学家，但他的这些思想，在现代心理学、宗教、存在主义哲学这些本来在学术上相互隔绝的学术思想的鸿沟上，架起了一座理智的桥梁。

在纽约协和神学院学习期间，罗洛·梅经常听蒂利希的课，和他一起探讨神学、宗教及哲学问题。蒂利希成了罗洛·梅的良师益友，而且他们两人保持了30多年的友谊。罗洛·梅不止一次地表述过他对蒂利希的感激之情，称颂蒂利希是他的"朋友、导师、精神之父和老师"。在罗洛·梅的早期著作《咨询的艺术：怎样提供和获得心理健康》（*The Art of Counseling: How to Give and Gain Mental Health*，1939）一书的前言中，他写道："我还要对保罗·蒂利希教授表示深深的感谢，他那广泛的学识和对人类本性充满挚爱的深刻洞见使我获益匪浅。"[1]我们从罗洛·梅所使用的许多术语中确实可以感受到蒂利希的影响，例如核心、勇气、意向性、生命力、无意义的焦虑等。但罗洛·梅认为，他所用的术语更主要地应归功于他自己对心理学和心理治疗的理解，他之所以提到蒂利希，是为了阐明或支持他自己希望提出的某种论点。

---

[1] May R. The Art of Counseling: How to Give and Gain Mental Health[M]. Nashvile: Abingdon-Cokesbury, 1939.

## 我们如何感受到存在价值

在现代社会中,人类面临着许多存在的困境,当我们面临死亡、精神上的罪疚感和无意义的人生时,我们不可避免地会产生存在的焦虑。

只有使自己全身心地参与到与他人的社会交往中,一个人才能获得存在的勇气,这种参与包括得到别人的承认,最终达到自我认可等。这便是从存在主义哲学视角对人类价值存在的经典论述。

## 存在的抗争

疾病欺软怕硬。

恢复健康是一种积极的，而不是消极的过程。一个有病的人，不管患的是生理的还是心理的疾病，在治疗过程中都必须是一个积极的参与者。

进行心理治疗的病人要想恢复健康，必须同他们的心理障碍作斗争，罗洛·梅把这种现象称为"存在的抗争"，把得病看作是获得新的自知之明的重要途径。

## 致命疾病的心灵启示

1946年,罗洛·梅开始从事私人心理治疗。两年之后他成为威廉·阿兰逊·怀特精神分析与精神病学研究院(William Alanson White Institute of Psychoanalysis and Psychiatry)的正式教员。1949年,在40岁这个相对来说年龄较大的时候,他才获得了由哥伦比亚大学颁发的博士学位,这是该校授予临床心理学的第一个博士学位。他的博士论文是关于焦虑的研究,并于1950年以《焦虑的意义》(*The Meaning of Anxiety*)为书名发表。

在获得博士学位之前,罗洛·梅经历了他一生中最深刻的内心体验,也是影响他一生的另一个重大事件。30岁出头的时候,罗洛·梅就患上了当时被视为不治之症的肺结核,在纽约州北部的萨拉奈克疗养院住了三年,当时还没有治疗这种病的特效药。在最初一年半左右的时间里,他也不知道自己能否活下去,为此他曾深深地感到悲哀和孱弱无助。他说他经常意识到一种朦胧的死亡的可能性,即便活着也有可能病残。他除了等待每个月拍摄X光片,得知他肺部的空洞是变大了还是变小了之外,毫无办法。

对罗洛·梅来说，这是一段特别可怕和心情抑郁的时期，有好几次他险些死去。这场同死亡进行的战斗对他的心灵产生了深刻的影响。当他彻底恢复健康之后，他曾多次说过，死亡威胁在他的生活中确实存在过，而且影响至深。

在生病和疗养期间，他开始对其疾病的性质产生了某种顿悟。他发现疾病也欺软怕硬，他周围的病人凡是承认有病的总是很快就死去了，疾病利用的正是病人孱弱无助的消极心态，而那些奋力同身体疾病作斗争的人则往往活了下来。罗洛·梅后来说："直到我开始'战斗'了，对于我患了肺结核这个事实产生了某种个人责任感，我才算取得了持久的胜利。"[1]

在养病期间，罗洛·梅学会了倾听自己身体内部的声音。他发现，恢复健康是一种积极的，而不是消极的过程。一个有病的人，不管患的是生理的还是心理的疾病，在治疗过程中都必须是一个积极的参与者。他通过自身的体验认识到这个真理，但是直到后来他才发现，进行心理治疗的病人要想恢复健康，也必须同他们的心理障碍作斗争，他把这种现象称为"存在的抗争"，把得病看作是获得新的自知之明的重要途径。

---

[1] May R. Power and Innocence[M]. New York: Norton, 1972.

## 存在主义哲学的召唤

罗洛·梅在生病和康复期间，有过深刻的焦虑体验（experience of anxiety）。为了更好地理解这个主题，他从存在主义哲学的创立者克尔恺郭尔和精神分析的创立者弗洛伊德的著作中获得了许多关于存在价值和焦虑意义的启示。他曾仔细阅读和比较分析了弗洛伊德关于焦虑的书和克尔恺郭尔关于焦虑的概念的书。相比之下，他更欣赏后者的观点，因为当时他正处于有可能致命的可怕疾病的威胁之下，克尔恺郭尔的话似乎是直接对他讲的，它触及了焦虑的最深层结构。在罗洛·梅看来，这比任何技术手段都更具体和更有意义，因为它探讨的是人类存在（existence）这个最根本的本体论①问题。

---

① 本体论（ontology）是探究世界的本原或基质的哲学理论。在中国古代哲学中被称为"本根论"，指探究天地万物产生、存在、发展变化之根本原因和依据的学说。由于它主要研究存在的本质，因而也被称为"存在论"。近几十年来，虽然对本体论概念的界定还存在争论，但大多数学者赞成将本体论概念界定为对概念化的精确描述，主要用于描述事物的本质。本书所指的本体论主要用于描述人的主观存在状态的本质。

在西方哲学史上，存在问题始终是一个热门话题。哪位大哲学家不讨论存在呢？巴门尼德（Parmenides，约公元前515—前450）提出"存在是一""存在之外并无非存在"的著名命题。革命导师恩格斯（Friedrich Engels，1820—1895）把整个西方哲学史归结为存在与思维的关系问题。但是，"存在"作为一种"主义"（-ism）在西方流行则起源于19世纪丹麦哲学家克尔恺郭尔。他企图从人生存在的视角来理解人类本性及其功能，但他反对黑格尔（Georg Wilhelm Friedrich Hegel，1770—1831）极力通过抽象思维和逻辑的理性认同来理解现实。为了克服黑格尔哲学论点的这种片面性，他尝试从人的存在这个基本现实出发，通过把人视为抽象的、非人性的物体这种逻辑体系，从而避开分析人的现实生活。克尔恺郭尔论证说，我们不应该把真理看作是与人类经验有关的东西。真理只有在它与自然现象发生联系时，通过人的知觉才能被获知。罗洛·梅十分推崇克尔恺郭尔的这种观点，认为它改变了我们对真理的思维方式，向我们提供了相对真理的概念。也就是说，克尔恺郭尔的相对真理观是通过分析主客体之间的关系来理解人的。

除了克尔恺郭尔的存在主义哲学观点之外，近代西方存在主义哲学中的其他人物和理论观点也都或多或少地影响过罗洛·梅，如海德格尔、卡尔·雅斯贝尔斯（Karl Jaspers，1883—1969）、莫里斯·梅洛-庞蒂（Maurice Merleau-Ponty，1908—1961）、路德维希·宾斯万格（Ludwig Binswanger，1881—1966）、梅达特·鲍斯（Medard Boss，1903—1990）、让-保罗·萨特（Jean-Paul Sartre，1905—1980）等人。他们都把人类存在视为他们哲学研究的出发点，都探讨过人类存在的基本问题，例如"我是谁？""人生的意义是什么？""人生有意义吗？""生命有价值吗？""我怎样实现我的价值和潜能？""我怎样成为一个人？"等等。

对于诸如此类的问题，罗洛·梅和其他存在主义者一样，也都做过认真的思考和探讨。从20世纪50年代开始，罗洛·梅从本体论的观点出发阐述了他的存在分析观。1953年，他出版了《人的自我寻求》（*Man's Search For Himself*）一书。在书中，他以人格为中心，潜心探讨了自我的丧失和重建，分析了造成西方人内在心理困境的社会与心理根源。这本书不仅受到了专业范围内的关注，而且在其他非心理学专业但受过教育的人群中也赢得了认可。1958年，他与恩斯特·安捷尔（Ernest Angel，1894—1986）、亨利·埃伦伯格（Henri Ellenberger，1905—1993）合作主编了《存在：精神病学与心理学的新方向》（*Existence: A New Dimension in Psychiatry and Psychology*）一书。这本书第一次向美国人系统介绍了存在主义心理治疗的概念，并推动和延续了欧洲存在主义哲学思潮在美国的兴起和流行。1959年，罗洛·梅成为威廉·阿兰逊·怀特研究院的一名督导和训练分析员，同时他还担任纽约州立大学艺术与科学学院的心理学副教授。同年在美国的辛辛那提，他和马斯洛、戈登·威拉德·奥尔波特（Gordon Willard Allport，1897—

1967)、罗杰斯、詹姆斯·布根塔尔（James Bugental，1915—2008）等著名心理学家、心理治疗学家一起参加了一次关于存在主义心理学的特别研讨会，这次会议是和美国心理学年会一起举行的，是美国人本主义学会建立的前奏。

1961年，罗洛·梅以《存在主义心理学》（*Existential Psychology*）为书名编辑发表了这次研讨会的论文，其中有他的两篇文章。罗洛·梅重申了他的存在主义心理学观点，呼吁加强心理学与存在主义哲学的合作。另外，罗洛·梅将自己于1951—1965年在杂志上发表的论文收录成册，以《心理学与人类困境》（*Psychology and the Human Dilemma*）为书名，于1967年出版。罗洛·梅在该书的序言中指出，这些论文都具有某些共同的主题，主要阐述他对焦虑、自由、人性、心理治疗和对各种存在困境的领悟，也就是他所谓的"人所面临的困境"。这些观点表明，罗洛·梅在关注人的创造性潜能及其实现的同时，也始终关注人性的黑暗面和人生的悲剧性。一方面，通过对这些心理困境和心理倾向的研究，罗洛·梅形成了人性既善又恶的人性观；另一方面，他希望建立一门关于人的科学，以实现对人类本性及人类个体全部人生经验的全面理解。

1967年，罗洛·梅给加拿大广播公司系列节目《观念》做了六篇广播讲话，由该公司的出版社编辑成书，书名为《存在主义心理治疗》（*Existential Psychotherapy*），这本书简要论述了他对存在主义心理治疗的基本看法，其中许多观点在罗洛·梅的后期著作中得到了进一步的深刻阐发。同年，罗洛·梅还担任了哈佛大学和普林斯顿大学的客座教授，并开始以油印的形式出版《存在主义研究》杂志，后改为《存在主义心理学与精神病学》杂志。1968年，罗洛·梅与利奥波德·卡利格（Leopold Caligor）合作编辑出版了《梦与象征：人的潜意识语言》（*Dreams and Symbols: Man's Unconscious Language*）。本书着重分析了一位女来访者的梦，比较全面地阐释了罗洛·梅对梦与象征的看法，也体现了罗洛·梅思想的存在主义精神分析特色。罗洛·梅承认潜意识的作用，一方面，他认为梦就是对人之存在的潜意识关注，因而能使人超越当前的现实，在潜意识中达到经验的统一。另一方面，梦是以象征的形式被人体验到的，而象征则可以把心灵的各种分裂整合起来，从而成为自我意识的语言。罗洛·梅就是这样把潜意识和意识整合起来的。

随着每一本书的出版，罗洛·梅的存在主义的精神分析心理学倾向逐渐确定下来，他作为美国存在主义心理学创立者的地位也得以确立。但是，需要指出的是，罗洛·梅的存在主义心理学并不是欧洲原始意义上的存在主义心理学，而是经过他改造的，带有精神分析和人本主义特征的存在主义心理学。他主要关心的是一种新的存在主义，一种能对加强自我治疗提供支持的存在主义心理学，它能在人们面临现代生活的困境并感到其焦虑时提供心理学的支持和指导。正如罗洛·梅自己所说:"我在新弗洛伊德主义的人际关系学校接受了精神分析训练,但是,在我的一生中我始终坚信,必须把人类自己的本性作为科学与心理治疗技术的一个基础,在我们的文化中,存在主义的出现,不论是在文学、艺术、哲学,还是在科学那里,都明确地具有其存在的理由,因为它们寻求达到对人的理解。因此,早在我听说欧洲的现代精神病学之前,我就非常注意这些发展,但我并不是一个盲目崇拜欧洲意义上的存在主义者,我认为我们在美国必须发展那些源自我们自己经验的研究方法,我们必须发现在我们自己的历史情境中所需要的东西——这种态度本身在我看来,就是一种唯一的'存在'观。"[1]

由此可见,罗洛·梅的存在主义心理学既受蒂利希等人的美国神学存在主义的影响,也受到弗洛伊德、阿德勒、埃里克森、弗洛姆、沙利文等新精神分析学家的影响。他的存在主义心理学主要结合自己的心理治疗实践,通过与美国人本主义心理学家的交流与合作而阐发出来,他由此而阐述的一些心理学观点对当时的美国社会具有某些积极的现实意义和启示作用,他发表的一系列论著直接促进了存在主义心理学和存在主义心理治疗方法在美国的迅速传播,也使他成为美国存在主义心理学和存在主义现象学最有影响的代表人物之一。

---

[1] May R. Psychology and the Human Dilemma[M].New York: Norton, 1967.

## 存在主义分析的创立

罗洛·梅的存在主义心理学在人格研究和心理治疗中的应用，主要起源于他的精神分析训练和临床实践，这使他从一个精神分析心理学家逐步转变为存在主义的分析学家，因此也有人称他为存在主义的精神分析学家，并把他列为新精神分析学派的主要代表人物。为了更好地理解罗洛·梅的存在主义分析心理学思想，我们不妨先比较一下精神分析和存在主义分析在研究人类行为方面的某些共同之处和不同之处。

精神分析是19世纪末奥地利精神分析学家弗洛伊德首创，后经其后继者修正形成的用来研究和治疗精神疾患的方法、理论和技术。经过100多年的发展演变，已成为当今世界主要的心理学流派和心理治疗取向之一。存在主义分析20世纪30年代产生于瑞士，以宾斯万格、鲍斯等存在主义分析学家为主要代表，后来在法国、德国、荷兰等欧洲国家也有人追随研究，50年代后，罗洛·梅将其引入美国，并把弗洛伊德的精神分析、人本主义的心理治疗和存在主义心理治疗创造性地融合在一起，形成了独具特色的存在主义分析。

相比之下，精神分析和存在主义分析这两种学说都关心人类存在的基本问题，虽然弗洛伊德不喜欢哲学和纯粹的思辨，但他曾坦率地承认，他很早就开始关心人类存在的重大问题以及如何理解人类的本性，这一点和存在主义分析在哲学理念上是一致的。

其次，在人性观和对待死亡的态度上，这两种学说都关注人类本性中的理性和非理性，并对人性持悲观态度。例如，存在主义者经常论及死亡与虚无（death and nothingness）的不可避免性，并对人类存在的前景持悲观态度。他们认为死亡是我们大家迟早都要"接触"到的，是不可避免的。存在主义者则呼吁人们理性地看待死亡，而不是逃避考虑这个问题，如此才能有勇气面对死亡。当然，存在主义哲学家们对死亡的态度并不一致，例如，萨特把死亡视为最终的荒谬，海德格尔则认为诚实地接受死亡能帮助我们更可靠、更幸福地生活。弗洛伊德也认识到死亡在个体心理发展中的至关重要性，并把它结合到其自我毁灭欲望的理论中，他称之为"死亡本能"。这显然是对人类存在的一种悲观态度，因为他认为在人类心理的无意识深处有自我毁灭的种子。

再者，这两种学说都关心如何减轻人的痛苦，都探讨过心理冲突和焦虑使人的心理功能遭受破坏的方式。有些存在主义者还研究了焦虑的积极特征，把焦虑看作自我肯定的先决条件。这两种学说都认为，很多人会通过逃避责任的方法来对付严重焦虑，例如，严重的抑郁症、焦虑症和精神分裂症患者，都企图通过使自己陷入精神疾病而逃避现实生活。

最后，这两种学说都认为，社会在很大程度上不允许人们真实地表现其本性，因此人性的很多方面是通过无意识心理活动而表现出来的。弗洛伊德相信，社会运用自我的现实原则[①]和超我的道德机制来压抑和限制"原始"冲动。存在主义者认为，社会常常通过引导人们以不真实的和自我疏远的方式来阻拦个体接纳本我的欲望和冲动，从而导致内在不和谐状态。因此，这两种学说都强调要关注对人类本性无意识层面的理解，并帮助人们认识自己的本来面目，即根本的人性。

虽然这两种理论在以上方面有某些共识，但它们在研究目标、旨趣和观念主张上也有很多具体和不同的看法。在主客二分问题上，弗洛伊德企图依赖抽象的、逻辑的思维体系，来建立一门关于人类本性的科学，存在主义者则竭力避免建立远离人类经验的"玄虚"理论。克尔恺郭尔说，我们必须"摆脱思辨，摆脱体系和回到现实"。他的所谓现实，指的是我们直接接触到的人生经验，然而这种现实和弗洛伊德企图使经验具体化，并加以明确的测定

---

① 现实原则（reality principle）是弗洛伊德精神分析术语，指人格结构中自我（ego）所遵循的活动原则：自我受现实条件的限制，因而要遵从现实的约束，保持与现实世界的和谐。该原则以现实社会中个体的生存和发展为目的，通过现实原则，在本能冲动和现实环境之间建立起有效而合理的联系。例如，人们通过正常的婚姻来满足本能的要求和社会的约定。

和说明是截然不同的。在某些存在主义者看来，弗洛伊德的理论过于简化，破坏了人类经验的复杂性和统一性，即把复杂的心理活动还原为简单的人格三结构。例如，弗洛伊德把复杂的人类经验变成了几个少量的人格假设，即本我（id）、自我（ego）和超我（superego）。存在主义者们批评弗洛伊德在所谓的精神结构中使这三种成分的相互作用有了理智的内容并加以分析，因为这三种成分中有一些是无意识的，用精神分析的方法把无意识的内容进行理性和意识层面的分析，就有简化之嫌。他们认为，这种简化破坏了弗洛伊德对人类存在于这个世界的根本理解。存在主义者们还批评弗洛伊德用主观技术来研究行为，从而限制了他的研究范围。这种技术使弗洛伊德只研究客观环境世界（Umwelt），却无法理解和解决人们在人际关系世界（Mitwelt）中所遇到的问题，更无法解决人们在自我关系世界（Eigenwelt）中面临的问题——存在主义者想要建立的是一种旨在从整体上理解人的独特问题的科学，而使用的方法也不会使人的本性变得支离破碎。因而从理论上讲，对人类存在的整体分析才是一种整体分析观。

——

罗洛·梅在形成和建立其理论的过程中，受到了精神分析学说的影响，弗洛伊德的古典精神分析，尤其是阿德勒、沙利文、弗洛姆、埃里克森等新精神分析学家的观点对其影响至深。我们可以从他对这些人物的评论中来了解。

罗洛·梅认为,弗洛伊德扩展了我们对意识的理解。他高度赞扬弗洛伊德的自由联想技术,认为这是使人的自我朝向意向性(intentionality)①领域开放的一种手段。例如,在病人的自由联想中,病人对自己过去心理生活的回忆和联想总是针对自己童年期曾经意识到或体验过的某种心理活动的回忆和联想,这就是朝向意向性的开放。罗洛·梅在患肺结核病疗养期间,曾认真思考过弗洛伊德关于焦虑的观点,尽管他没有接受弗洛伊德的焦虑理论,却从中受到了许多启发。例如,罗洛·梅对两种焦虑观(正常焦虑和神经症焦虑)的划分明显受弗洛伊德焦虑理论的影响。从这个意义上来说,罗洛·梅的存在主义分析深受精神分析传统的影响。

但是,罗洛·梅并没有机械地接受精神分析的思想观点,而是把精神分析学说同存在主义结合起来,在长期的实践中逐步形成了其独特的存在主义的分析心理学理论和思想学说。他批评弗洛伊德的观点,认为这些观点在20世纪中叶美国社会所碰到的许多新现象的心理治疗中是行不通的。因为罗洛·梅发现,即使在

---

① 意向性是德国现象学哲学家埃德蒙德·胡塞尔(Edmund Husserl,1859—1938)提出的一个哲学概念,指意识的根本特征。意思是说,凡是意识,就必然总是对某种东西的意识。罗洛·梅的心理学是以现象学哲学作为其哲学基础的,他接受了意向性这个概念,并在其名著《爱与意志》中做了系统阐发。

西方性革命出现后，社会缓和了某些性道德规范，撤消了这方面的某些道德禁令，但并没有因此而使心理疾病患者的数量减少。他发现在现代社会中，病人之所以去看心理医生，大多不是因为发生了弗洛伊德在20世纪初所观察到的欧洲社会的那种性心理方面的问题，而是由于孤独、无聊、不满、失去生存的意义和精神上的衰退，这就是现代心理疾病患者特有的症状。神经症的原因不是童年的某些心理印象受了压抑，也不是性的本能欲望得不到发泄所致，而是他无法解决现实生活中的存在问题，从而导致他丧失了自主性，失去了对未来生活的美好憧憬和目标，无法创造性地生存在这个世界上。心理治疗就是帮助这类病人找回失去的存在，发现人生的存在感和生命的价值。

除了受到弗洛伊德的古典精神分析的影响之外，罗洛·梅还直接受到新精神分析学家如阿德勒、沙利文、埃里克森和弗洛姆的影响。前文说过，罗洛·梅在欧洲游历时曾与阿德勒有过一段时间的交往，在许多研究主题上他和阿德勒有一致的看法。阿德勒重视意识自我的作用，认为人是自己生活方向的创造者，人从童年早期的经验中就形成了为自我而奋斗的基本模式。当然，要想有效地运用个人的力量，还要把自我和社会利益结合起来，培养自己的社会兴趣等。和阿德勒一样，罗洛·梅也相信意识自我的力量，只是在表述上不同而已。他把勇气看作是成熟的道德，它能使人避免陷入对创造性工作和爱的依赖，通过人的自由选择、责任心和社会存在而获得一种替代的价值感。例如，他提出，有社会勇气的人，在人际关系中表现为不仅敢于接近他人，敢于展示自己的生理自我和社会自我，而且敢于展现自己的心理自我，自信而大方地与人友好交往。罗洛·梅对阿德勒怀有深深的感激和钦佩之情，在某种意义上可以说，罗洛·梅是受阿德勒启发才走上心理治疗之路的。

罗洛·梅在威廉·阿兰逊·怀特精神分析与精神病学研究院学习和工作多年，在这个以沙利文为基金会主席的学校里，罗洛·梅受到他的影响是显而易见的。哈利·斯塔克·沙利文（Harry Stack Sullivan，1892—1949）是美国精神病学家，新精神分析社会文化学派的主要领导者之一。1922年他受聘担任华盛顿圣伊丽莎白医院著名精神病学家威廉·阿兰逊·怀特的助理，长期致力于精神分裂症的研究。沙利文的学说是一种人际关系理论，他"重视人际关系的地位和作用，认为个人不能脱离开与他人的关系而独自生存，因此，他是从人际关系出发去探讨个人的人格构成，个人的需求动机，个人的心理发展和个人的发展类型"[1]。罗洛·梅也重视人与人之间的关系，将其视为人存在于世界上的三种方式之一。他同意沙利文的观点，认为自爱是爱别人的前提条件，孩子的人际关系是在发展过程中逐步形成的。"从依赖到

---

[1] 车文博.弗洛伊德主义论评[M].长春:吉林教育出版社,1992.

信赖到相互依存,每一步都代表孩子爱的能力逐渐成熟的不同发展阶段。"[①]1969年,在其畅销书《爱与意志》(*Love and Will*)中他进一步阐发了这种思想。

和沙利文一样,罗洛·梅认为人的权力动机是天生的。为了保护自我免受伤害,人们从社会文化中学会了通过获得地位和威望来达到安全。但是,罗洛·梅并不认为自我是一个保护系统,而是认为自我是一种处在发展中的真正的潜能,并在此基础上把"自我肯定"视为存在的七大本体论特点之一。罗洛·梅还认为,企图与父母乱伦的欲望是一种病态依赖的症状,也是这类病人防止人际疏远的一种病态的策略,并非只是一种性的兴趣。在心理治疗方法上,他强调,应当允许病人详细地讲述自己的童年期经历,而不必讲述那些有可能揭示其当前动机的直接问题,以免病人陷入尴尬处境。

埃里克森是德裔美籍精神分析自我心理学家,他曾接受弗洛伊德的女儿安娜·弗洛伊德的精神分析训练和分析。1933年他从德国移居美国,长期从事儿童精神分析,他和安娜·弗洛伊德等人共同开创了精神分析的自我心理学研究领域,把弗洛伊德对无意识本我的强调转向对意识自我的关注。尤其是他提出的自我同一

---

① 梅.人寻找自己[M].冯川,陈刚,译.贵阳:贵州人民出版社,1991.

性[①]概念及其危机问题，在学术界影响很大。埃里克森认为，自我同一性是个体对自己的本质、信仰及其一系列人生经验的相对稳定的整体意识。罗洛·梅和埃里克森的观点有两个方面是共同的。一是对同一性的看法。埃里克森在20世纪50年代提出了"自我同一性"的思想。他认为同一性是人格发展的一个核心问题，每个人都可以利用自己的生理天赋、个人经验、社会文化背景和特定的历史事件，发展起一种有效的自我同一性。罗洛·梅赞同埃里克森的观点，承认每个人都有一种强烈的同一性感受，但是，他却认为，在50年代，人格的核心是同一性问题，而在60年代，人生意义感的丧失却更为重要。二是他们都强调自我的发展。埃里克森认为人的心理发展和生物结构也经历了类似于人类文明史的进化过程，他把人生划分为八个阶段，认为每个人在一生的成长过程中，"都普遍体验着生物的、心理的、社会事件的发生顺序，按一定的成熟程度分阶段地向前发展"[②]。罗洛·梅同样重视人格的发展，他对2岁左右意识第一阶段和青春期出现的意识第二阶段的描述类似埃

---

① 自我同一性（self-identity）是美国精神分析学家埃里克森提出的一种人格概念，表明自己能意识到自我与他人的区别，意识到自我的连续性和稳定性，使自己的内部状态和外部环境保持整合与协调一致。埃里克森认为，进入青春期，个体意识分化为理想自我和现实自我，建立自我同一性就是要使两者达到统一。为此，可改变现实自我，使之与理想自我一致；也可以修正理想自我，使之符合现实自我。建立了自我同一性之后，青年人对"我是谁""我将成为什么样的人"等问题就不会再感到困惑彷徨，并由此顺利进入成人期。
② 车文博.弗洛伊德主义论评[M].长春:吉林教育出版社,1992.

里克森把刚开始学步的小孩的心理描述为渴望自主的，把青年期的心理描述为想要建构一个更富有人性的世界。此外，他们也都重视人的创造能力和适应能力，认为人人都有产生"善"和"恶"的潜在能力。埃里克森对创造力的信仰是对人的行为的一种乐观主义的评价，罗洛·梅对人的创造能力的阐述则是以人的自由选择和勇气为基础的，一个人有勇气成为他自己的自我并获得心理上的独立时，才能在"感情移入"或"共情"（empathy）之中将自己的内心世界呈献给另一个人，他把人的本性看作是"既善又恶"的，因而不像埃里克森那样乐观。

罗洛·梅和另一位新精神分析学派的主要成员弗洛姆都曾在威廉·阿兰逊·怀特研究院工作过，他们在思想观点上相互交流和影响，其共同之处更是不言而喻。弗洛姆被学界视为"人本主义的精神分析学家"，罗洛·梅则被称为"人本主义心理学中的存在主义者"，共同的人本主义倾向使他们都十分关注人类本性，重视自我意识和个人同一性。在现实社会中，我们既需要依靠别人的力量来为我们自己定向，更需要挖掘我们的内在资源和内在力量，以确立人生的方向和目标。这样，我们就能克服孤独和焦虑，与他人建立有意义的联系。

总之，罗洛·梅和精神分析运动的联系是非常密切的，他既系统地研读过精神分析的有关著作，和许多新精神分析学家有过长期友好的交往，还开设了私人心理诊所，用精神分析的方法治疗神经症患者。如果不是存在主义哲学的影响、他自己的心理治疗实践以及他患病时的亲身体验，他很可能会成为一位精神分析学家。另外，罗洛·梅通过对当时美国社会现实的敏锐观察发现，虽然当时的美国社会已基本消除了欧洲维多利亚时代的性禁忌，人们已不再像弗洛伊德时代那样受伪善的社会道德和宗教性禁忌的压抑，但心理疾病的发病率并未按照弗洛伊德的观点呈下降趋势，事实上，来找心理医生要求咨询和帮助的人却越来越多。他们并不是感到性的本能受到压抑，而是感到心理空虚，生活变得毫无意义，人生对人失去了吸引力，生活的方向迷失了。这是一种全面的精神孤独，一种经常感到心烦意乱的焦虑和失望，一种精神萎缩症。"因此，对病人进行分析和心理治疗的不是心身疾病，也不完全是心理问题，而是一种很深的哲学问题，即寻求人生的意义问题。"[1]

就这样，罗洛·梅和一批不满意精神分析的心理治疗师开始从新的角度和视野，重新考察心理治疗的预想，寻找一种能取代精神分析的理论和方法，这就促进了罗洛·梅从精神分析向存在主义分析的转变。可以这样说，罗洛·梅的存在主义分析心理学是精神分析和存在主义的一种结合，是以存在主义哲学为理论基础，以现象学方法为手段，吸收了新老精神分析学家的某些观点，并结合自己的心理治疗实践，而形成和发展起来的。

---

[1] Reeves C. The Psychology of Rollo May[M]. San Francisco: Jossey-Bass Publishers, 1977.

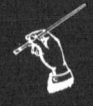

## 当我们的存在受到威胁时

很多人会通过逃避责任的方法来对付严重焦虑。严重的抑郁症、焦虑症和精神分裂症患者，都企图通过使自己陷入精神疾病而逃避现实生活。

在现代社会中，病人之所以去看心理医生，大多是因为他无法解决现实生活中的存在问题，从而导致他丧失了自主性，失去了对未来生活的美好憧憬和目标，无法创造性地生存在这个世界上。

心理治疗的主要目的就是帮助人们发现生活的意义，它所关心的应该是人的存在问题，而不是心理问题的解决和心理疾病的治疗，因为心理问题发生的根源是存在感的丧失。

# 心理医生的使命

虽然罗洛·梅是人本主义心理学阵营中代表存在主义哲学倾向的心理学家,但他首先是一个心理咨询师和心理治疗医生。从20世纪30年代开始,他便从事大学生心理辅导工作,40年代中期,他开始从事私人临床心理咨询和治疗,几十年丰富的心理治疗实践经验,使他对病人怀有一种特殊的感情。他发现神经症患者虽然面临着种种心理困境,但他们始终在动员各种力量以寻求解脱这些困境。心理治疗师应该帮助他们去进行内在心灵的深层次追寻,实现新的心理整合。因此,他把存在主义哲学、精神分析、人本主义和心理治疗结合起来,提出了存在主义心理治疗的一系列设想。

## 治疗的目标是帮助病人实现潜能

罗洛·梅认为,"在治疗中我们主要关注的是人类的潜能。治疗的目标是帮助病人实现他的潜能……治疗的目标不是没有了焦虑,而是把神经症焦虑变成正常焦虑,去发展起积存和使用正常焦虑的能力。病人在接受治疗之后可能会有能力忍受比以前更多的焦虑。但这将是一种有意识的正常焦虑,而且他将能够建设性地运用它,他并不是没有罪疚感(sense of guilty),而是把神经症的罪疚感变成了正常罪疚感,并有能力创造性地运用这种正常罪疚感。"[1]

在这里,罗洛·梅划分了两种焦虑和罪疚感。在日常生活中人人都会产生焦虑,例如,从母亲那里断奶,离开家庭去上学,参加大学考试,面临职业选择和婚姻抉择时,我们感受到的焦虑都属于正常焦虑(normal anxiety);而心理治疗师所面对的常常是发生神经症焦虑的患者。神经症焦虑(neurotic anxiety)是一种与个体所面临的威胁不相称的心理反应,例如,有人看到别人在交头接耳地说话,就认为别人在背后议论自己,这种焦虑与实际的威胁并不相称,或者说是个体面对不存在的威胁而产生的焦虑,它包含着压抑和各种形式的心理冲突,在很大程度上受人的心理活动和意识障碍的控制。罗洛·梅在患上肺结核和在疗养院休养时,就亲身体验和目睹了一些病友的神经症焦虑。有些病友虽然因为肺结核而发烧、咳嗽甚至吐血,但只要他的自我意识和自我力量足够强大,他就还有希望获得痊愈。这是个体与正常焦虑作斗争而取得胜利的结果。但也有一些病友,面对肺结核带来的生命危险,

---

[1] May R. Psychology and the Human Dilemma[M]. New York: Norton, 1967.

认为个体完全没有能力战胜这种不治之症，因而最终放弃了与疾病作斗争。这时病人的发烧倒是逐渐消退了，但病人也很快就死去了。这表明，如果一个人不能建设性地把神经症焦虑转化为正常焦虑，最终就可能会失去希望，成为神经症焦虑的患者，最终甚至被神经症焦虑所压垮。

那么，应该如何解释和治疗这种神经症焦虑呢？罗洛·梅所受的精神分析训练使他喜欢用"潜意识"（unconsciousness）一词来描述这种发自内心的体验，这些体验是一些被否认的自我觉知，是一个人没有过上本真（authenticity）的生活所致。例如，一个天真活泼的儿童本应过着开心快乐的童年生活，但父母却使他每天都有做不完的作业，他的本真生活不得不受到压抑。

但是，罗洛·梅对潜意识的这种解释并不包含弗洛伊德所说的那种对性本能的压抑，而是更接近人本主义先驱者乔治·亚历山大·凯利（George Alexander Kelly，1905—1967）的观点。1965年，凯利提出了著名的个人建构理论，认为个人建构就是个人对周围世界提出看法、进行解释和赋予意义的过程。如果由个人建构而产生的预期和自己的人生经验相符，那么这个建构体系就有用，反之就要修改或抛弃这个建构体系。凯利认为，当人的某些内心体验仍然是悬而未决的，也就是说，人生的阅历和经验尚不够充足时，他就不能恰当地与世界建立联系，也就不能产生适合的建构体系。少年儿童之所以感到童年生活不开心，是因为家庭和学校没有帮助他们把作业和世界联系起来，没有让他们在做作业时感受到与大自然和人类社会生活密切联系的快乐。在罗洛·梅看来，人们之所以拒绝某些内心体验，例如，儿童做作业的体验，学生参加考试的体验，年轻人写论文的体验等，是因为它们一旦被体验到，就会引起人们的焦虑。凯利和罗洛·梅显然并不认为心理体验完全是潜意识的，因为人至少能部分地意识到这些体验，只是被拒绝得到完全意识化的表述罢了。儿童从小就被父母和学校老师逼迫着做作业，虽然他可以把这种不愉快的体验压抑下去，但他的意识深处也能部分地感受到这种痛苦的体验，因此在考上大学之后，相当多的大学生开始放纵自我，竭力把儿童青少年时期被压抑的本真生活发泄似的表现出来。

对这类疾病的治疗，罗洛·梅坚持使用他的存在主义分析疗法。他反对治疗师把患者当作客体（或对象），并试图根据各种外部原因来解释他的心理问题，因为这样做是不可能实现有效治疗的。相反，治疗师必须首先确定，患者试图通过他的心理问题来表现什么。罗洛·梅说："从本体论的观点来看……我们发现这是个体用来保护其存在的一种方法。我们不能以通常过于简单的方式来假定病人想要自动地康复；相反，我们必须假定，只有当他的存在的其他条件，以及他与其周围世界的关系发生了改变时，他才能允许自己放弃神经症并获得康复。"[1]例如，儿童做作业的速度和正确率得到提升，就是其存在的其他条件使他与父母、老师和同学的关系发生了改变，他的神经症焦虑就会大为降低。因此，对付这种神经症焦虑，罗洛·梅主张，应帮助病人找出使自己害怕的那种最初的现实体验，并且追根寻源地探究造成这种畏惧心理的内在原因，然后把神经症焦虑转变成正常的焦虑。显而易见，这是精神分析的童年期还原论思想在存在主义心理治疗中的运用。

## 医患之间的心灵交会

罗洛·梅在描述存在心理治疗过程时还使用了人本主义心理学的"会心"（encounter）疗法一词（也被称为"交朋友"或"心灵交会"），他所理解的心灵交会是指两个自我相聚在一起，共同分享他们内心存在的各个方面。也就是说，治疗师要把自己全身心地投入到病人的内心世界中去。他说："心灵交会就是指实际发生的事情；它是比某种关系更有价值的一件事情，在这种心灵交会当中，我必须能够在一定程度上体验到病人正在体验的东西。我作为一名治疗师的工作就是去开放他的世界，他随身携带着他

---

[1] May R.Psychology and the Human Dilemma[M]. New York: Norton, 1967.

自己的世界,在这里我们共同度过了50分钟……至此,它帮助我们认识到我们也要经历类似的体验,虽然这些体验现在或许不包含在里面,但我们知道它们意味着什么。"[1]

罗洛·梅著书立说的主要目的是进行心理治疗,而不是从事哲学研究。他希望通过确立、维护和掌握人的存在感在其日常生活表现中的结构或形态,阐明每个病人的存在方式,并帮助他意识到自己的存在和存在价值,意识到人究竟是什么。因此心理治疗医生的职责就是帮助病人找到生活中有意义的目标,而要做到这一点,就必须理解病人的内心世界,理解病人是以什么方式存在于世界上的,也就是理解他的内心体验、意向性和人格结构等。

那么,怎样才能理解每个人具体的存在呢?按照罗洛·梅的观点,自然科学给我们提供了关于人的思想和行为的某些机制的知识,但不能帮助我们发现人类存在的共同基础,只有本体论,即关于存在的科学,才能帮助我们理解病人的存在。这样看来,罗洛·梅的存在心理治疗的宗旨,就是揭示人的存在结构,使治疗师和病人都能获得顿悟,只有在彻底了解了人的全部内在结构之后,才能对我们研究人的心理的各种内外部机制有所帮助。从这个意义上说,治疗本身并不是心理治疗的真正目的和主要任务,最重要的是使病人发现自己的存在,并且深切地认识和亲身体验到

---

[1] May R.Psychology and the Human Dilemma[M]. New York: Norton, 1967.

自己存在的意义，从而帮助病人过上"本真的"生活。罗洛·梅在这里所谓的"本真"，和罗杰斯所谓的"真诚一致"（congruence）以及马斯洛对自我实现的人的描述是非常类似的，或许这也是他和人本主义心理学家站在同一阵营里的一个原因吧。

## 神经症焦虑

神经症焦虑是一种与个体所面临的威胁不相称的心理反应,例如,有人看到别人在交头接耳地说话,就认为别人在背后议论自己,这种焦虑与实际的威胁并不相称,或者说是个体面对不存在的威胁而产生的焦虑。

对付这种神经症焦虑,应帮助病人找出使自己害怕的那种最初的现实体验,并且追根寻源地探究造成这种畏惧心理的内在原因,然后把神经症焦虑转变成正常的焦虑。

## "死亡之所以具有意义，只是因为有了生命"

1994年10月22日，罗洛·梅在美国加利福尼亚州提布伦市的家中去世，享年85岁。人本主义心理学运动失去了一位著名的领导者。1996年4月，《美国心理学家》杂志刊登了曾任美国人本主义心理学会第一任主席，也是美国存在主义分析的继承和发展者布根塔尔撰写的追悼文章，对罗洛·梅作出了高度评价。我们不妨沿着罗洛·梅的生命轨迹，再对他作一番心灵的追忆。

前已述及，罗洛·梅童年时代的生活并无多少乐趣。他的母亲经常让孩子们自己照顾自己。由于他的姐姐患有精神分裂症，因此，在兄弟姐妹6人当中，身为长子和第二个孩子的罗洛·梅不得很早便肩负起沉重的家庭责任。由于经常搬家，童年时代的罗洛·梅只好不断地结交新朋友。后来他曾回忆说，他在童年就像是一个经常"被拍卖的新孩子"。好在他在体育方面表现出色，使他在童年时代的人际交往中获得了不少认可。

在婚姻生活上，罗洛·梅也几经坎坷。他经历了两次离婚的痛苦。1938年，他在获得纽约协和神学院学士学位之后与弗洛伦斯·德·弗里斯（Florence De Frees）结婚，他们在一起生活了30年，生了3个孩子，长子罗伯特·罗洛曾经担任阿姆赫斯特学院的心理咨询辅导员。第二和第三个孩子是一对双胞胎，长女凯洛琳·简是一位社会工作者、治疗师和艺术家；次女艾利格拉·安娜是纪录片的撰稿人。1968年，罗洛·梅与弗里斯离婚，之后过了3年独身生活。具有讽刺意味的是，他的畅销书《爱与意志》就是在离婚后第二年出版的。1971年，他和英格里德·肖尔（Ingrid Scholl）结婚，他们在一起生活了7年之后便分手了。之后罗洛·梅又过了10年的独身生活，直到1988年，在79岁时与乔治亚·米勒·约翰逊（Georgia Miller Johnson）结婚，后者是一位荣格学派的分析心理学家。在罗洛·梅去世前夕，乔治亚一直守候在他的身旁，与他共同度过了最后6年的晚年时光。

罗洛·梅被称为"美国存在主义心理学之父"，这主要是因为他在1958年与安捷尔和埃伦伯格合作主编的《存在：精神病学与心理学的新方向》一书的出版，这本书的学术影响力极大，很多人都是在这本书的影响下成为存在主义心理学研究者的。这本书所倡导的存在主义心理学概念成为存在主义–人本主义心理治疗运动的理论基石，而且时至今日，许多心理治疗的学者对存在问题的探讨都与本书有关。罗洛·梅把欧洲的存在主义思想应用于心理治疗，多年的心理治疗实践使他更加相信，心理治疗的主要目的就是帮助人们发现生活的意义，它所关心的应该是人的存在问题，而不是关心心理问题的解决和心理疾病的治疗，因为心理问题发生的根源是存在感的丧失。治疗师应帮助病人学会如何正确地面对诸如性、焦虑、人类困境、人的日益衰老以及自由与命运之类的问题。他认为生活在这个世界上，很多人的内心存在是孤独的，命运又注定使人们不可避免地最终要面对死亡，这是对人类最大的挑战。面对西方社会的个人主义和自我中心倾向，罗洛·梅指出，现代社会的许多人过分关心自我而对社会和文化却不够关心，这是现代人心理疾病的一个重要特点，他坚决主张用阿德勒所谓的"社会兴趣"（social interest）来平衡这种个人主义，使个体通过对社会生活的参与和改善来寻求更高的生活价值观。

罗洛·梅一生著述颇丰，他独立撰写、主编与合作出版的书有20多本，他还发表了许多论文、正式演讲和评论文章。除了我们前面提到的那些著作之外，他还撰写了《权力与无知》（*Power and Innocence*，1972），在这本书里他以存在主义者的眼光分析了人类社会暴力的根源，分析了权力的建设性和破坏性等。在《存在的发现》（*The Discovery of Being*，1983）中他探讨了存在这个基本主题和人本主义价值观的重要性。在《我对美的追求》这本自传体的著作中，他把存在主义思想同艺术的美、人生的美巧妙结合，阐发了其独特的美学心理学思想。1986年他与罗杰斯和马斯洛合作出版了《政治与纯真：人本主义的争论》（*Politics and Innocence: A Humanistic Debate*）一书，表明了他对当代社会、政治、生活的关注。他在80岁高龄时，仍保持勤奋、积极的工作劲头，每天大约花费4个小时用于著书立说。他在《祈望神话》(*The Cry for Myth*, 1991) 一书中，把古代神话的教条与诸如女权运动、太空探索和寻找人类一致性等这类当代问题联系起来。在他最后一部与科克·施奈德 (Kirk Schneider, 1956— ) 合著的《存在心理学：一种整合的临床观》(*The Psychology of Existence: An Integrative, Clinical Perspective*, 1994) 一书中，他把自己人生的体验应用到对人类同伴的心理治疗中。他对人类本性既善又恶的主张，使他看到了人类生活中许多令人失望和阴暗之处，但与此同时他也发现了人类生命的美和希望。正如他所说，"当我们觉知到死亡时，生命才更有活力，更有趣味，死亡之所以具有意义，只是因为有了生命。"[①]正是由于他对人生所持有的这种存在主义的信念，当他晚年认识到自己的生命能量行将耗尽，他的生命之躯正在走向其终点时，他仍然能够有勇气地坦然处之。

罗洛·梅在心理学史上具有重要的历史意义。他开创了美国本土化的存在主义心理学，推动了美国存在主义心理学的发展和深化；他与马斯洛、罗杰斯等人一道参与并推动了美国人本主义心理学运动，他的存在主义心理学思想成为人本主义心理学运动早期主张的心理学取向；他毕生致力于心理治疗实践，开创了独

---

① Krippner S. How shall I live? The legacy of Rollo May[J]. The Saybrook Perspective. Spring, pp.8-9. 1995.

具特色的美国存在主义心理治疗，成为精神分析、人本主义心理治疗体系的重要组成部分；他深刻批判美国主流社会忽视人的生命潜能的倾向，揭示了现代人必须面对的生存困境，提出了解除困境的建设性道路。

作为一名心理治疗师，罗洛·梅的思想和学说对人们产生了深刻的思想启示。当许多人把心理疾病当作痛苦和不幸，视为病态和无望的代名词时，罗洛·梅却从中看到了人的尊严和力量。虽然这个时代生病了，但人却仍然可以坚持抗争，一个有健康人格的人，应坚信人的内在力量，勇敢地面对外在力量对人的尊严发出的挑战，寻找自我、重建自我，创造自己的存在价值和意义。罗洛·梅坚信，无论世界多么风雨飘摇，一个有自由选择能力，以天下为己任的现代人，可以为实现完整人格而不屈奋争，从而实现和创造人生存在的价值。罗洛·梅的一生就是这种不懈抗争的一生，因而获得了很多现代人的崇敬。

# 第一章 罗洛·梅的存在主义分析观
Chapter One

"我是谁？""我为什么活着？""我应该以怎样的方式生活在这个世界上？"诸如此类的问题被人们无数次地追问。古往今来，很多人在社会现实面前迷失了自我的存在，感受不到生存的价值，找不到人生存在的意义。罗洛·梅站在存在主义哲学的立场上宣称，我是自己生存的主体，我可以选择自己的存在方式，而这种存在方式就是个体对自己存在价值的内在体验，在了解和认识自我的基础上，自由地选择自己的存在之路，并为这种选择负起责任。他的存在主义分析治疗就是从对人的存在价值的分析和追问开始的。

罗洛·梅受存在主义哲学影响很深。他重视对单独个体的分析研究，强调人的主体经验的重要性。这一点和存在主义者是一致的。但他的独特之处在于，他把人看作是一个与外部世界、与他人、与自己的内心世界密切联系的有机的统一体。他从人类存在的多样性出发，认为人类心理中包含着理性和非理性的东西，包含着意识和潜意识，包含着人生的意义和价值，包含着环境和外部世界的影响，也包含着人生的喜怒哀乐等情绪情感的影响。简言之，一幅完整的人格图画应该包含着对人的完整理解。

早在1939年他写的第一部著作《咨询的艺术》中，他就明确表述了在其理论探讨和实际心理治疗方面的全部工作特点。他说："心理治疗的有效性依赖于我们对人究竟做什么样的理解，人不只是他的身体，他的工作或他的社会地位，这些只不过是他的自我表现的一部分，而在这些自我表现背后的才是个体内在的组织，即我所谓的人格。"[1]换句话说，要想使心理治疗有效，首先必须了解来访者心理问题背后隐含的人格，对人及其人格的了解是心理治疗的出发点。

他的这种主张不同于弗洛伊德的观点，认为一个聪明的心理治疗师不能只依赖对潜意识的假设来理解人究竟是什么，而必须通过认真、合理地确定人格是什么，从而确定心理治疗的目标是什么。据此，罗洛·梅认为，人格不是固定不变的，而是不断发展变化的，这种人格发展变化背后的根本动力就是人的紧张感。例如，学生一想到即将到来的考试，就会产生紧张感，在大多数情况下紧张感会驱使他努力准备。这种紧张感实际上相当于正常焦虑，是每个人在日常生活中都会遇到的。存在主义心理治疗的目标不是

---

[1] May R. The Art of Counseling: How to Give and Gain Mental Health[M]. Nashvile: Abingdon-Cokesbury, 1939.

消除紧张感,而是要把由罪疚感导致的破坏性紧张转化成建设性力量。考试成绩不好的学生肯定会产生带有罪疚感的破坏性紧张,只要帮助他学会学习,平时勤学苦练,就可以把害怕考试的紧张状态转变成勤奋学习的积极行为。

罗洛·梅以存在主义哲学为基础形成和发展了他的存在主义分析观。这一章将以存在主义分析观为主线,系统阐释他对人生存在价值的各种基本主张。

## 以存在感为基础的人的科学

心理治疗的有效性依赖于我们对人究竟作什么样的理解。罗洛·梅的这一论点虽然简单，却简洁明了地指出了他在理论探讨和实际心理治疗方面的全部工作特点。

罗洛·梅在形成其学说的早期阶段，正是弗洛伊德学说盛极一时、社会发生巨大变革的时代。当时欧洲及美国的精神病学家和心理治疗学家已经发现，进入20世纪以来，维多利亚时代的社会禁忌已基本不起作用，现代社会的风俗使西方人过着越来越随意的生活。按照弗洛伊德的理论，在这种情况下，当超我和社会道德的狭隘要求相一致，对人不会造成压抑和限制时，人就不应该出现心理疾患。然而，现代人并不像这种理论所期望的那样减少了心理问题，相反，来心理诊疗所寻求帮助的人越来越多。心理医生们发现，这些人面临的普遍问题是：人与人之间的真实情感丧失，人们对这种丧失深感不安；在两次世界大战的阴影笼罩下，人们的不安全感日益增多，对生活感到绝望……总之，人生似乎失去了存在的意义。

那么，既然摆脱了社会的所谓性道德禁忌和超我对性本能的压抑，人类为什么还不能过上随心所欲的自由生活呢？罗洛·梅认为，20世纪初造成心理问题的最普遍原因是本能和性欲实现方面的困难；20世纪20年代则表现为自卑感、欠缺感和罪孽感；在30年代，个人和社会团体之间的敌意和冲突则是造成心理疾病的主要原因；到了20世纪中期，人们的心理问题主要是空虚和无意义感。这时，只通过解除病人心理上承受的压力，切除其心理"脓肿"，即可使病人康复并过上所谓"健康"的心理生活的观点，已经不完全适用于现代人了。实际上，那种不受任何约束的所谓自由生活，不仅没有使现代人的心理更加成熟和愉快，反而使人更感到焦虑、失望和孤独，现代人常常发出人生哲学般的自问：人生的意义何在？我们生活在这个世界上究竟是为了什么？

罗洛·梅发现这些问题主要产生于焦虑，产生于一种迷失方向的空虚感，使人感到生活失去了意义。而这不正是存在主义哲学所强调的"存在"的核心问题吗？"存在"（being）哲学意义指的是对世界上所有事物的一般概括，包括一切物质现象和精神现象。在罗洛·梅的存在主义心理学理论中，主要指人的主观精神存在，体现为以人为中心，重视人的主观经验，尊重人的个性与自由等。罗洛·梅相信，心理治疗师需要根据新的问题，对人生存在的意义给予新的理解。

和许多存在主义思想家不同，罗洛·梅在研究方法上并不反对科学实证。他主张用科学的方法来研究人，但科学研究的对象必须是现实社会中活生生的、整体的人。因为在他看来，想要知道心理治疗能够在治疗情境中发挥什么作用，对病人的存在造成怎样的影响，以及为什么有些治疗有效、有些治疗无效，就必须把人类的整体存在视为活生生的、可以体验的。这就需要有一种关于人的科学的研究取向。这种研究取向不会把整体的人还原为由一些习惯、大脑机能、早期经验、环境事件等组成的集合体，或由某些遗传基因来决定的心理特质。他认为，"我们必须站在人性最基本的结构上来研究人……我们认为建立一门不是把人肢解，而是把人当作一个整体来研究的科学是可能的，这是因为它把科学与人性结合在一起了。"[①]基于对人性的这种整体理解，罗洛·梅在研究中始终致力于建立一门新的关于人的工作科学，这门关于人的科学是以人的本体论特点为基础的。

那么，罗洛·梅所谓人的科学究竟包含着哪些内容呢？在罗洛·梅的心目中，它并不是像心理学、社会学、精神病学或人类学那样的一种专门的社会科学，也不是所有这些科学的大杂烩。罗洛·梅也无意建立一门与其他学派相对立的学派，他所设想的是一种全面的理论，这种理论能对人的基本本体论特点，即人的主观存在状态的本质，加以理解和阐述，而这些本体论特点又必须是最基

---

① Reeves C. The Psychology of Rollo May[M]. San Francisco: Jossey-Bass Publishers, 1977.

本的和结构性的，缺少任何一种特点，人也就不成其为人了。

罗洛·梅认为，社会科学，特别是心理学，虽然对人类的研究作出了一定的贡献，但它们对人的本性仅限于做一些表面的、有因果关系的解释，并不能对人的整体存在提供全面的、独特的解释。例如，我们可以从生物学的角度把人类和动物相类比，以此来阐释人类的行为模式和心理现象，但这种阐释毕竟是在类比的基础上进行的，并不完全适用于人类。所以，罗洛·梅明确指出："人具有自我意识这个现实使人成为一种全新的格式塔（Gestalt，即人所知觉和体验到的有机整体），如果仅用某些相关科学的概念工具进行专门的研究，是不可能对'人类'和'人类本性'真正了解的。"①

毫无疑问，对人的研究，是可以通过分析人的身心各个部分的内在机制，探讨人的内在驱力，以及关注产生条件作用的各种内外环境刺激来进行的。为了研究的方便，我们也可以对人的各组成部分，如神经系统、生理系统、行为反应等进行分割式的研究。但是，所有这些研究都必须考虑到人的独特性，因为罗洛·梅相信，各种机制、驱力、行为反应和外部环境等都必须通过具体的人才能起作用，正是人的身心整合能力才给这些因素赋予了意义。

由此可见，罗洛·梅所设想的"关于人的科学"并不仅限于对人进行实验的、数量化的和测量学的研究，上述方法仅可以起辅助

---

① May R. Love and Will[M]. New York: Norton, 1969.

作用。这门科学最适宜的方法是描述性的或现象学的。也就是说，我们需要的是一种能考虑人类自由的科学，在方法上，它强调现象学经验的重要性和象征的使用，在作出决定时能考虑人的过去、现在和将来的能力以及人的评价过程。总之，这门科学是以有自我意识和自由意志的人作为研究基础的。若不考虑这一点，人将和动物无异。罗洛·梅曾以人的性行为为例，说明在人尚未产生自我意识之前，其性行为只是一种本能的需要，就和动物一样，丝毫不考虑对方是否需要。但是，人之所以为人，关键在于人有自我意识，有进行自我选择的意志自由。这时，人的性行为就不仅仅是满足自己的本能需要，而且要考虑到对方是否也有这种心理需求，以及以什么样的方式进行合作来满足这种需求，否则，人的性行为就只能是一种兽性的发作，丝毫没有考虑对方的人性和尊严。强奸、卖淫等不法行为之所以为社会所不容，正是其丧失人性所使然。

罗洛·梅之所以钟情于关于人的科学，其根源还在于他从现象学和存在主义哲学中接受了这种方法论，认为它能使人产生鼓舞和指导其思维的顿悟，这种顿悟就是罗洛·梅一直津津乐道的"存在感"（sense of being），或者称之为人对自己存在的体验。正是这种存在感才把我们每一位个体的身体存在、物质存在和精神存在连为一体。如果不考虑这一点，任何关于人的研究都将失去意义。他批评当时的西方主流心理学受行为主义的影响，竭力向物理、化学和生理学等自然科学学习，一味追求客观化和数量化，追求实验和测量仪器的精密，却越来越脱离人的整体性。行为主义者强调刺激-反应的机械论公式，认为只要给某种刺激，人就必然会作出某种反应；反之，通过人的反应，就能推测其行为是由什么刺激引起的。这种有意识的预先假设把人等同于动物甚至机器，因而不能从根本上解决人的心理问题。结果心理学家们整天埋头于那些琐碎而无关紧要的研究，却连人最基本的生、老、病、死、爱、恨、忧、欲等现实问题都无法解答。因此罗洛·梅强调，心理学，特别是心理治疗，最基本的目标应该是发展来访者强烈的存在感，扩充人对自己存在状态的觉知和体验，提升自己在世界上生存和做事的能力，罗洛·梅的所有理论阐述和治疗实践也都是建立在这一基础上的。

罗洛·梅倡导的这门以存在感为基础的关于人的科学是和现代所谓科学心理学有很大差距的。他从一个心理治疗医生的立场出发，试图通过他的临床实践扩展科学心理学研究的视野，使我们能够真切地理解人类现实存在中的某些结构。例如，爱与意志、自由选择、价值观、本真等，这是那些所谓科学的方法目前尚无法研究的。罗洛·梅对此寄予厚望，并为此付出了毕生的努力。

## 什么是存在感

在存在主义心理学中,"存在"主要指人的主观精神存在,体现为以人为中心、重视人的主观经验、尊重人的个性与自由等。而"存在感"就是人对自己存在的体验,例如对自己身体的存在状态(是否健康、身高体重、外部形态、容貌等)、物质存在状态(经济状况、家庭生活条件、社会环境等)、精神存在状态(人际关系、在社会上的价值、地位等)的认识和体验,因而存在感和人的自我意识密切关联,即清晰地认识和感受到自己是个什么样的人。

人与人之间真实情感的丧失、战争、疾病、快速变化的环境、时代价值观的改变,会增加人的不安全感,让人更容易感到生活失去意义,从而削弱存在感。

## 构成存在感的四个要素

1958年，罗洛·梅在和安捷尔及埃伦伯格合著的《存在：精神病学与心理学的新方向》一书中，当论及存在主义心理治疗的基本理论贡献时，他强调指出，心理治疗的主要目的和核心过程，就是要"帮助病人认识和体验他自己的存在"。要真正做到这一点，治疗师不仅要了解病人当前的外显症状，更要了解他的内心世界。这样，心理治疗的任务就不仅仅是给疾病起个名字或开药方治病，而是要与病人一起，发现打开病人内心世界大门的钥匙，进而理解和阐明其个体存在的结构和意义，也就是帮助病人发现和找回失落的"存在感"。

在罗洛·梅看来，所谓存在感，就是人对自己当前存在状态的觉知和体验，例如对自己身体的存在状态（是否健康、身高体重、外部形态、容貌等）、物质存在状态（经济状况、家庭生活条件、社会环境等）、精神存在状态（人际关系、在社会上的价值、地位等）的认识和体验，因而存在感和人的自我意识密切关联，即清晰地认识和感受到自己是个什么样的人。它可以使人的各种经验得到整合，把人的存在联结为一个整体。因此，存在感是人的心理生活的支柱，也是人生的基础和目标，人之所以患上心理疾病，主要是由于丧失了存在感。试想，一个连自己的存在都不知何在的人，又怎能感受到生活的价值和意义呢？

罗洛·梅在他的第一本著作《咨询的艺术》中，就探讨了人之存在的四条基本原则，即自由、个性化、社会整合以及宗教紧张感，他认为这也是构成人格的四种基本结构要素。下面，我们就从这四个方面入手，看看罗洛·梅笔下的心理治疗师怎样帮助病人找回失落的存在。

**自由是存在之基础**

西方存在主义者都把自由看作人类最重要的属性。人类之所以成为独特的、具有高度智慧的生物，就是因为他具有选择的自由。也正是通过选择的自由，个体才能超越其当前的情境，成为他"选择要成为的那个事物"，而不必成为环境、遗传、早期经验，或任何其他事物的牺牲品。

和其他存在主义者一样，罗洛·梅也把自由视为存在的基础。在他看来，如果没有自由，在一个人身上起作用的就只有简单有效的、因果关系的决定论原则了。例如，人们在严格意义上所理解的弗洛伊德学说或达尔文主义，遵循的就是这种受生物本能决定的原则。实际上，人的行为既不是盲目的，也不是受环境影响机械决定的，而是通过人的自由选择而作出的。因此，人类的潜能和责任是和人们遵照存在的本质作出的自由选择相互依赖的。换句话说，自由是人类存在的一个完整而明确的成分，或者说是人的全部存在的基本条件。他进而指出，一个人相信自己是自由的，他才能具有创造性意愿；在心理治疗中，使来访者相信自己能进行自由选择，是帮助他为自己设想某种责任感，并最终作出选择和采取行动的唯一基础。美国人格心理学家和人本主义心理学的早期代表奥尔波特曾经说过："一个在心理上有多种选择的人，比只有一种选择的人更自由。如果他只有一种技能，只知道一种解决问题的方法，这个人就只有一种自由选择。相反，如果他有丰富的经验，知道许多种解决问题的方法，那么他就必然会有更多的自由选择。"[1]换句话说，当人们只有一种自由选择时，例如就像奴隶制下的奴隶、在实验中产生了习得性无助的动物，只能被动地接受命运的摆布。通过心理治疗，当来访者明白了自己还有其他自由选择时，他就开始打破旧的思维方式，重新审视自己的存在状态，作出更多的自由选择。在这一点上，罗洛·梅的观点和奥尔波特是一致的。

---

[1] Allport G W. Pattern and Growth in Personality [M]. New York: Holt, Rinehart & Winston, 1961.

## 个性化是存在感的外部表现形式

人能否获得真正的自由,必须依赖两种因素,即个性化(individuation)和社会整合(social integration)。所谓个性化,是指一个人的自我区别于他人的独特性,也就是说,每个人的自我彼此之间是不同的,在他认识到自己独特的"生命形式"之前,一个人必须这样来接受自己,这也是心理健康的基本条件;否则,一个人若不能接受自我,不能发现自己的个性化,他也就丧失了自我,就必然会出现心理疾病了。

通过心理治疗,人学会了自由选择,才能发现和发掘自我的独特潜能,进而实现不同于他人的自我价值。如果一个来访者感到自己不能接受或容忍现在的自我,这就表明他产生了人格障碍,不能实现自己的个性化,也就是不能发现自己独一无二的特性,其存在感也就失去了自我的主体性。例如,一个儿童在家里听命于父母,在学校里听命于老师,长大后参加工作完全听命于其他权威人物的安排,这样的人虽然存在于世界上,但完全是个失去自我的行尸走肉而已。从这个意义上说,个性化是存在感的外部表现形式。

## 社会整合是存在感的创造性成分

社会整合是指一个人在保持个性化的同时,积极主动地参与社会生活,保持良好人际关系,并对社会产生积极的个人影响。从这个意义上说,社会整合是存在感的创造性成分。在罗洛·梅看来,社会整合并不是单纯地强调人对社会的适应,因为适应只是个体对社会要求进行单方面的迎合与屈服。这种适应过分强调社会力量的强大和不可改变,相对忽略了个体的社会责任感和自由意志。相反,罗洛·梅认为社会整合表示个体与社会交互作用。不仅社会能影响和改变个体,而且个体也有能力影响社会,甚至改变社会。个体的自我实现必须依赖社会以及与他人的互助合作,进而不断地发掘自己的潜能,创造适合自己人格发展的社会环境。存在感的创造性就是在这样的社会整合中展现出来的。

罗洛·梅认为,自由的个体要想保持自我,必须是社会整合的。因为人是以群体的形式存在于世界上的,人类个体不可能孤零零地独自生活在世界上,他的自由和自我也必须在与他人、与社会的交互作用中才能体现出来。因此,一个人要想实现其个性化,就必须要与他人建立联系并积极参与社会生活。只有在这样的社会环境中,个体才能创造健康的人格和发现人生的意义。从这个意义上说,自我实现的目标既依赖于强烈的个体性,又依赖于人对自己世界的成熟责任感。

罗洛·梅反对简单化地看待人的存在，虽然一个真正自由的人可以获得其个性化的生存方式并进行社会整合，但这一过程并不是一劳永逸的，而是需要不断的更新和发展变化。人格就是在自由、自主、责任和自私、懒惰、从众的矛盾冲突中，不断地形成和改变的。

**紧张感是人格发展的动力**

人类存在的第四种要素是"宗教紧张感"（the sense of religious tension），指存在于人格中的一种紧张或不平衡状态。罗洛·梅认为，由于个体的自由使人具有创造的能力，因此，他不仅要经常作出选择，而且要随时采取创造性行动，这就使人经常面临各种挑战，人格便经常处于紧张状态。

他认为在"人究竟是什么"和"可能会成为什么"之间有一条鸿沟，它横亘在人格的完善与缺憾之间。对这条鸿沟的知觉，使人类往往会产生一种"罪疚感"或"宗教的紧张"。换句话说，在理想与现实、完善与缺憾之间，在我想做什么和我实际做了什么之间确实存在着差异，由于没能实现理想，人生总是会感到有缺憾，这才是人类感到内疚和紧张的根源，但同时它也是促使人格改变的一种动力因素。那么，这种罪疚感或紧张为什么具有宗教性质呢？我们知道，罗洛·梅在撰写《咨询的艺术》这本书时，刚从纽约协和神学院毕业并获得神学学位，蒂利希的存在宗教神学思想对他影响至深，他早期接受的宗教神学教育使他的早期学术观点带上了宗教色彩。他把宗教紧张感视为人的最深刻的道德体验，是对人生意义的最基本信念，它深深地植根于人的本性之中，是上帝在我们人类心灵中存在的一个明证。换句话说，当面对上帝这样一个至高无上、趋于完美的存在时，一个不完善的人每一次对上帝发起挑战，都会使人产生一种罪疚感和宗教紧张。

在精神分析学说中，人格健康的标志是消除紧张，保持心理的平衡与统一。弗洛伊德主张在潜意识内部保持人格的平衡，荣格强调意识与潜意识之间的对立统一，阿德勒则倡导个人与社会的统一。但罗洛·梅并不完全赞同这些观点，他虽然承认心理组织的破坏会导致人格分裂，因而心理治疗应着重人格组织的重建，但他反对把心理冲突和紧张的消除视为心理治疗的主要目的。他说："许多普通人和某些心理学家错误地认为，心理治疗的真正目的是使个体完全放松自己，发泄其本能冲动，生活在无忧无虑的极乐世界里，满足其人生需求，而不产生道德和心理的冲突，任何稍有常识的心理学家都不可能接受这种天真的想法。"[1]

在罗洛·梅看来，人格是不断发展变化的。因此，保持人格健康的关键不是消除紧张，而是怎样使破坏性的冲突转变为建设

---

[1] May R. The Art of Counseling: How to Give and Gain Mental Health[M]. Nashvile: Abingdon-Cokesbury, 1939.

性的冲突。在信奉宗教的社会存在中，每个人都能体验到这种宗教的紧张感，其主要表现是人们不断产生的罪疚感。健康的个体都能认识到自己是不完善的，无论如何也不可能实现自己的全部理想，不完善就会使人不断产生罪疚感和宗教紧张。罗洛·梅看到了人格的不完善，强调应发展一种"不完善的勇气"，创造性地承认自己的局限性和不完善性，从而在此基础上培养健康生活的勇气。但他把这种紧张状态同宗教和上帝联系起来，却是一种不负责任的主观武断，也使他的学说减色不少。或许罗洛·梅在晚年也意识到这些早期观点的不足，因而在他后来与克莱蒙特·里弗斯（Clement Reeves）的通信中，表示拒绝再版《咨询的艺术》这本早期著作。

综上所述，罗洛·梅从人类存在的本性出发，指出现代人患心理疾病的原因是丧失了存在感。心理治疗的主要目的就是帮助病人重新发现失落的存在，重新获得健康的存在感。为此他分析了构成存在感的四种要素，即自由、个性化、社会整合和宗教紧张感。但这种分析是建立在他的早期研究基础上的，充其量只是对人类存在做了初步的探讨，而在他的后期著作中，他的研究则扩展到包括对人的种种存在方式给予更深刻的存在主义心理学的思考，例如爱、意志、焦虑、创造、美、象征表现等等，随着其研究的不断深入及其治疗经验的日益丰富，他对人类存在本性的认识也随之深化。

## 不完善的勇气

在"人究竟是什么"和"可能会成为什么"之间有一条鸿沟,它横亘在人格的完善与缺憾之间。对这条鸿沟的知觉,使人类往往会产生一种"罪疚感"或"宗教的紧张",即存在于人格中的一种紧张或不平衡状态。

在精神分析学说中,人格健康的标志是消除紧张,保持心理的平衡与统一。但罗洛·梅看到了这种紧张感的积极意义,认为它也是促使人格改变的一种动力因素。人格就是在自由、自主、责任和自私、懒惰、从众的矛盾冲突中,不断地形成和改变的。

## 存在感的自我体验

在欧洲存在主义哲学中,"存在"一词常常是用德语"此在"(Dasein)来表示的,其意为"在那里"。它强调的是在某一特殊时间、特殊地点获得对世界的某种独特的个人体验和解释,它是把个体作为世界的一部分来看待和研究的。世界与人同时存在,彼此不能分离。罗洛·梅从一开始便接受并发展了这种思想。

1953年,罗洛·梅的《人的自我寻求》一书问世,在这本书里,当他论述现代人心理疾病的根源时,第一次把当时西方社会普遍流行的心理问题归咎于在一个巨变的社会中人们丧失了可以信赖的传统价值与目标。他说:"导致我们这个时代出现混乱的另一个根源是,我们丧失了人的价值感和尊严感。"[1]

20世纪中叶的西方社会,经济迅速发展,社会组织和结构都发生了巨大的变化,尤其是人们过去一直遵循的传统价值观也发生了动摇。这意味着个体赖以存在的传统价值观基础开始崩溃,

---

[1] May R. Man's Search for Himself[M]. New York: Norton, 1953.

存在感的自我体验日趋衰微。现代人不但对自己长期信奉的传统的存在价值产生了怀疑，而且在找不到人生发展的方向时，对人类的前途和人生的意义也失去了信心。在《人的自我寻求》这本书里，罗洛·梅坚持自由就是拥有创造的能力，能够在人所特有的存在限度之内决定和塑造自己的生活，并把自由定位于创造性自我意识的范围之内。由此开始，罗洛·梅把人的每一种存在特征都与这种自我意识或存在感联系起来，并强调心理治疗的目标就是通过对存在感的解释，让病人自己体验这种强烈的存在感。

有一点需要说明，罗洛·梅在其早期著作中提到的自我感，在以后还使用过不同的名称，例如，存在感、体验人的存在（experiencing one's being）、自我存在（self-existence）和此在等。虽然名称不同，但他给出的定义始终未变，指的都是体验到人的存在，感觉到人的存在。下面，我们就具体地看看罗洛·梅是如何阐释这种存在感的。

**存在感与自我意识的关联**

罗洛·梅把存在感与自我意识联系起来，认为人的存在感的自我体验越强烈，其自我意识越深刻，人进行自由选择的范围就越大。换句话说，一个人的存在感表现得越清晰、体验得越强烈，他的自我意志和作出的决定就越有创造性和责任感，则这个人对自己命运的掌控能力就越强。可以说，人一生的任务，就是如何深化这种自我意识，努力发现自己的内在力量，学会如何有效地控制自己的生活。

这种使人能从外部观察自我的能力，即自我意识，在罗洛·梅看来，是人所独有的本性特征。正是人的自我意识，让一个人能够区分自我和他所在的世界，使他有了时间和空间概念，能够在一定程度上超越时空，审视过去和计划未来。自我意识还使人具有使用语言和"符号"之类的抽象概念的能力。例如，用"桌子"这个词代表一整类东西；用两条交叉的木片组成十字形，使其具有了深刻的宗教含义。这种使用符号的抽象能力，还使人的思维中增加了诸如真、善、美、理性等抽象成分，这是没有自我意识的动物无论如何也达不到的。

一个人越具有自我意识，他就会越具有活力。罗洛·梅认为，人类最基本的特点就是具有强烈的存在感，并且能自我意识到人的自由。人能够感觉到自己的情感和欲望，想成为一名科学家、医生或教师，是因为人能自我意识到他具有成为科学家、医生或教师的能力，正是这种对自己是谁，能够成为什么样的人的最简单的认识，才使人坚信"这就是我自己"或者"我就是这样的人"。因此，归根结底，我们的自由是从这种自我感或存在感的自我体验中产生的，我们对自己的责任感和自我肯定也产生于此。

不过，罗洛·梅并不赞成把我们的自我意识只作为一种理性、抽象的概念来看待，他认为，笛卡尔（Rene Descartes，1596—1650）的"我思故我在"错误地主张"我"的同一性是在我的思想中发现的。实际上，这种同一性应该产生于自我肯定之中，正是基于对自我的肯定（"我能"而不是"我思"）所建立的这种自我认同，才使一个人成为"我自己"。罗洛·梅并不把自我当作一种观念或思想，而是认为自我是一个活生生的、实际的存在，是一个由思想、感情、直觉和行动组成的实体。在20世纪60年代，罗洛·梅对笛卡尔的公式作了他所理解的修改，把"我认为——我能——我将要——故我在"，修改为"我在"，因此"我思，我感觉，我做"（或"我行动"）。[①]

除了自我意识之外，存在感的自我体验还必须与人的身心相整合。这要分三步走。

第一步，人对自己的身心要有积极的感觉。他发现许多人对自己并没有明确的感觉，他们只能用"我很好"或"我感觉不太好"等含糊其词的话来描述他们当时的感受。罗洛·梅认为，这表明他们的心理已经开始出问题了，因为他们已不能深刻地体验自己的情感，心理治疗应帮助病人恢复对自己身体的积极感觉，学会每天询问自己"我今天有什么感觉？"这样做的目的不在于他感觉到了多少，或哪部分感觉最深，而在于他感觉到了这些感觉，

---

① DeCarvalho R J. The Founders of Humanistic Psychology[M]. New York: Praeger, 1991.

在对自己产生感觉的基础上,人的存在变得更加活跃,情感更加生动,这意味着他"不再把身体与自我分离开",而成为一个身心整合的、自然完整的人。

第二步,知道自己需要什么。罗洛·梅认为,如果一个人能诚实地审视自己,他就会发现,他自以为需要的东西实际上不一定真的需要。例如,屈服于环境或他人的压力而取得工作上的成功,为取悦他人而在某一天吃鱼等。这可能是迫于某种压力而形成的需求。相反,一个诚实的儿童在说"我喜欢冰激凌,我想要一个蛋卷冰激凌"这句话时,倒是直接地说出了他的需要。当然,知道自己的需要并不意味着可以随心所欲,但一个人首先要知道他需要什么,才能判断和决定他应该做什么和不应该做什么。他认为,不分青红皂白地压抑人的情感和需要,反而会适得其反,这些被压抑的需要以后也会冲破束缚,或者压抑过重,反而导致心理疾病。

第三步,在了解了自己的感觉和需要之后,一个人要主动和自己的潜意识恢复联系。现代工业社会强调理性的秩序,这使人的体验中那些非理性的、主观的和潜意识的部分受到压抑。罗洛·梅认为,虽然这些潜意识倾向与有意识的知觉相分离,但它们仍是自我的一部分,而且能为我们认识自我提供某些非常有价值的启示和解决心理问题的见识与方法。因此,我们应尽快恢复对这些潜意识自我的重视。例如,我们可以通过对自己梦境的分析来了解自己的潜意识,心理治疗师可以通过对心理病理现象的分析,了解人的冷漠、狂暴、自视清高、疏离他人、压抑、敌意、扭曲等心理表现背后的真实存在。

**自由选择个体的价值和目标**

自由存在的人能进行价值和目标的选择，这是对存在感进行自我体验的第二个方面。罗洛·梅相信，在个体的自我感和个体所持的价值观之间有一种密切而强烈的关系。个体的内在力量是否完整、心理感受的强烈程度，依赖于他对这些价值观是否有坚定的信念，能否依据这些价值观对自己的人生目标作出自由选择。当一个人认识到自己的存在价值，能自由地决定自己的命运时，他体验到的存在感就越强烈，他的心理也就越健康。

既然人并非生存于远离历史与文化的真空中，那么他的价值观就必然会受他所处时代和社会的影响。反之，一个人若认识不到自己在社会上的价值，处处听命于他人，不能自由地选择和决定自己的未来，他就丧失了存在感。例如，近几年突发的疫情、经济增速放缓、战争的威胁等，这些重大时代背景的力量要大于个人努力的作用，也让个体感觉到减少了自由选择的范围、压缩了决定未来的自由空间，因此在经济社会迎来较大变化的时代，人的存在感会普遍降低。罗洛·梅发现，当时西方社会的现代人由于丧失了传统的价值观和自由选择目标的能力，人的存在感也就不同程度地丧失了，这是导致社会心理疾病发病率增高的一个根本原因。

**用语言表达存在感的自我体验**

语言是人类表达个体存在的一种手段。通过对心理疾病患者的观察和分析，罗洛·梅认为，自我存在感的丧失和语言是有直接关系的，因为语言是人所特有的一种交往手段，对人具有特殊的深刻意义，在社会发展过程中，我们的某些基本概念在内涵和外延上往往会发生变化。一个人如果不能及时适应语言的这种变化，就会导致人们通常所持的价值观发生改变和混乱，进而使人丧失自我感和存在感。这显然不是危言耸听，因为当今时代社会发展迅速，语言的变化也相当惊人，由此而造成的人际交往的失败和个体所感受到的定向力障碍及混乱（即失去了价值观和人生的目标）合为一体，则是造成心理疾病的另一个重要原因。从这个意义上说，语言是个体自我存在感的表现形式，是个体对自我意识能力的表达，是人们用来与他人和社会交往的手段。

罗洛·梅指出："语言对自我意识的表述是一种符号化的能力，是根据符号把自我和世界联系起来的能力，是填补内在意义和外部存在裂隙的能力。"[1]罗洛·梅的这种观点是颇有启发意义的，因为语言不仅是人际交往的工具，也是表达自我存在感的手段，是使一个人与他人、与社会、与自然相互沟通的重要能力。如果人的语言能力丧失或出现问题，人的心理便会失去平衡，人就容易患上心理疾病。在这个意义上说，心理咨询和治疗应该格外关注那些不爱讲话或沉默寡言的人，因为他们的内心深处可能隐含着很多不为人知的存在感的自我体验，只是由于社会环境的压抑，使他们不愿意用语言表达出来。

综上所述，罗洛·梅所强调的存在感的自我体验，其核心概念是：人具有强烈的自我意识，他能充分认识到自己是自由的，能对自己的全部存在有一个完整的认识，能确定自己的人生价值和自由地选择自己的未来，能灵活地掌握和运用语言来表述自我的感受和进行人际交往。能体验到这种存在感的人才是活生生的、健康的人，他才能发现生活的意义。

---

[1] May R.Existential Psychology[M]. New York: Random House, 1961.

## 我在故我思

人能够感觉到自己的情感和欲望,想成为一名科学家、医生或教师,是因为人能自我意识到他具有成为科学家、医生或教师的能力,正是这种对自己是谁,能够成为什么样的人的最简单的认识,才使人坚信"这就是我自己"或者"我就是这样的人"。我们的自由是从这种对存在感的自我体验中产生的,我们对自己的责任感和自我肯定也产生于此。

正是基于对自我的肯定("我能"而不是"我思")所建立的这种自我认同,才使一个人成为"我自己"。罗洛·梅对笛卡尔的公式做了他所理解的修改:我在,因此我思,我感觉,我行动。

## "我很好"

当一个人只能用"我很好"或"我感觉不太好"等含糊其词的话来描述他当时的感受,就表明他的心理已经开始出问题了,因为他已不能深刻地体验自己的情感。

学会每天询问自己"我今天有什么感觉?"这样做的目的不在于感觉到了多少,或哪部分感觉最深,而在于感觉到了这些感觉,在对自己产生感觉的基础上,人的存在变得更加活跃。

# 每个人都同时生活在三个世界

从罗洛·梅对存在感的分析不难发现,一个人对自己存在的感觉或体验,并非只是在社会环境条件或社会文化习俗的影响下产生的,而是在个体有目的、负责任地自由选择的过程中,在不断地认识自我、充实自我的过程中产生的。自我与世界始终处在一种辩证的、相互依存的关系之中,"自我隐含着世界,世界也隐含着自我。"[1]

其实,罗洛·梅对自我和世界之间关系的这种看法,早在《咨询的艺术》一书中就有所表述,当时他把人格看作是在社会环境中产生和发展的。到20世纪50年代末,他开始更深刻细致地分析自我与世界的关系,把人及其世界看作是一个统一的有一定结构的整体,人持续不断地认识和改造着他的世界,在世界上进行各种活动和反应;反过来,人又不断地受到世界的影响和改造,人的世界就是一个"对世界开放"(openness to the world)的世界,这个世

---

[1] May R. Existence: A New Dimension in Psychiatry and Psychology[M]. (With E. Angel and H.F. Ellenberger). New York: Basic Books, 1958.

界和动植物的"封闭世界"是不同的。这是因为，人的世界不是静止不动和机械自发的，人也不仅仅是为了适应环境和求得生存。相反，人的世界是把个体包含在内的一种动力过程，人在不断地形成和改造其世界的过程中，也给世界留下了人所特有的痕迹。

在论述人与世界的关系时，罗洛·梅强调说，人生活在世界上并非只有一种空间关系，他以存在主义哲学为基础，阐释了他所理解的人与世界的三维关系，他称之为"人存在于世界上的三种方式"，即人与环境的世界（Umwelt）、人与人的世界（Mitwelt）和人与自我的世界（Eigenwelt）。每一个人都同时生活在这三个世界上，只有把这三个世界结合在一起，才能全面地理解和解释人类的存在。

## 人与环境的世界

第一个世界是人与环境的世界，表达的是人与环境的关系。罗洛·梅把它描述为一种"自然的世界"，它是一个有规律的和不断循环的世界，是有睡眠与醒觉，知道冷、热、饥、渴和生、老、病、死的世界，它是世界万物的自然总汇，每一个人都有他自己的自然世界。对人和动物来说，这个自然世界包含着生理需求、本能和各种内驱力等，早在人类尚未诞生，还没有人的自我意识之前，大自然就已经存在了，并将永远存在下去。罗洛·梅认为，人类是被先天注定地投入到这个世界上来的，他借用了存在主义哲学的术语，把它称为"被投入的世界"（the thrown world），意思是说，我们生活在这个时代和这个地方，必然要受这些自然规律的制约，对此我们人类没有任何选择的余地。因此人类居住和生存在这个世界上，必然会遇到各种各样的自然力量，人必须努力处理好与这个世界的关系，即学会适应自然环境。

不过，需要指出的是，罗洛·梅在这里忽略了环境中的人为因素，他没有认识到人类在其环境中的"地位"还应包含着比生物世界更多的东西。人所生存的国家、时代和具有人类独特性的文化习俗、语言及经济生活条件等，都在很大程度上决定着人与环境世界的生存方式。例如，完全人造的城市环境，人们种植的花草树木，修建的街道和建筑物，以及由此而产生的噪声和污染等，因此，人与环境的世界还应该包括人类社会运行所造成的社会变化，例如经济周期等。尽管这些因素都是人造的，但在许多情况下都应视为人类的日常环境，因而也是人的自然世界的一部分。罗洛·梅把人与自然的关系世界描述为仅仅是生物的王国，从而忽略了许多影响人类生物存在性质的社会环境因素，实际上就是缩减了环境所应具有的全部意义，把人的概念削减为只有生物需要（如睡眠和获取食物）的人。实际上，正是这种人与自然世界的交流才构成了人所特有的环境世界，而不仅仅是构成一个像动物那样的环境世界，或仅仅把身体视为发泄情欲的工具，视为人赖以生存的手段。

## 人与人的世界

第二个世界是人与人的世界，表达的是人与他人的关系。但这个概念和通常所谓"集体心理"或"群体影响"的含义不同。传统的观念认为，传统文化和社会习俗对人的关系只是单向度的，自上而下的。而在罗洛·梅看来，这个人际关系世界的主要特点是，群体与个体、个体与个体之间都是相互影响的，对群体有意义的事情对个体也有意义，而且群体的意义部分地取决于个体以怎样的方式与群体中的他人或整个群体建立联系。罗洛·梅指出："动物只有环境世界，而人则有人际关系世界，因为人是有意义结构的存在，但这种意义本身又受制约于群体之间的相互作用。因此，群体对我的意义取决于我以什么方式投入到这个群体中去。从生理上来看，我们无法了解爱情的真谛，这是因为爱情取决于两个人之间情感的选择和相互承诺的互利关系。"[①]

在人与环境的世界中，人类存在的主要特征是接受和适应环境。例如，我们可以说适应天气变化，接受饥饿、睡眠、性欲等人类的生理需要，因为这是一个人的存在所必须解决或满足的需要。

---

① May R. Existence: A New Dimension in Psychiatry and Psychology[M]. (With E. Angel and H.F. Ellenberger). New York: Basic Books, 1958.

但是，天气和人的需要并不因为我们对环境的适应而发生改变。适应之后，天气依然如故，需要满足以后，并不意味着不再需要。这是因为在人与环境的关系世界内，接受和适应只是单向度的行为，而在人与人的关系世界里谈论接受和适应，就无异于把自己或别人当作一种客观需要来看待，而不是当作人来看待。因此，在这个世界里，人就不仅仅是进行适应，而是要能够与别人建立创造性的关系，能够进行交互作用和社会整合。

## 人与自我的世界

第三个世界是人与自我的世界，表达的是人与自我的关系。早在《咨询的艺术》一书中，罗洛·梅就提出，要想能够与别人建立一种创造性的关系，能够在第二个世界中游刃有余，个体就必须培养一种自发的、有创造性的和真诚的人格特质。1958年，罗洛·梅把这些特质都归并到人与自我的关系中，在他看来，这个世界是以自我归属和自我意识为前提的。就是说，人必须对自己有足够的了解和认识，并把这种认识作为观察别人的基础。如果没有这个自我的世界，人就缺失了自我，变成了对他人唯唯诺诺或言听计从的人，人际关系就会变得平淡和缺乏活力。因为只有在认识自我的基础上，才能理解周围的世界对我来说具有什么样的意义。"它是一种基础，在此基础之上，我们可以清楚地观察世界，和它建立密切的联系,这也是对世界上某些东西的一种领悟,例如一束鲜花或一个人及其对我所具有的意义。"①

自我的世界是由人与自我的关系组成的,它能告诉我们,哪些事物是"为我"的方面,它们的颜色、味道等对我具有什么意义,以及我最喜欢和最不喜欢的东西是什么。从这个意义上说,它也是我们建立良好人际关系的基础。罗洛·梅批评西方社会坚持主客二分的思想,认为这种思想割裂了客体与客体、主体与客体之间的正常关系,导致了自我与世界的对立。人们对他人或其他群体所期望的事情只作出反射性的客观评价,不允许渗入个人的情感和经验,这样只能产生冷酷无情的理性主义,不足以实现人的全部个性化。现代社会人的精神活力丧失,心理疾病增加,与这种只重物不重人的理性主义有密切关联。

罗洛·梅坚持认为,人生活于其中的这三个世界是相互联系和同时存在的,不能只重视其中的一种或两种,而忽视了其他世界,否则就会使人的存在受到严重破坏,造成不健全的人格。虽然弗洛伊德凭借自己的天才卓识对环境世界中的人做了无与伦比的研究,对人在生物学中被决定的方式,对人潜意识中的本能和驱力做了精心而独到的阐述,但他的精神分析理论中只有一个模糊的、副现象论的和派生的关系世界。在这个关系世界中,人与社会的

---

① May R. Existence: A New Dimension in Psychiatry and Psychology[M]. (With E. Angel and H.F. Ellenberger). New York: Basic Books, 1958.

相互作用是靠注入力比多①驱力和进行情感宣泄（catharsis）才做到的。罗洛·梅认为，弗洛伊德从未看到人与自我的世界，因此他看到的人仍然是不完整的。

弗洛伊德之后的新精神分析学家，虽然开始关心人与他人、人与社会的相互关系，但这种关心仅限于把别人和社会当作满足自己本能需要的工具，甚至把人与人的世界看作是人与环境世界的演变，把人际关系看作物质关系的附属品，这严重破坏了人的真实本性。例如，沙利文虽然重视人际关系，反对只进行社会遵从，但他不重视人与自我的关系世界，并颇费周折地根据群体评价来阐释自我，甚至抨击个体概念，这就从根本上否认了自我世界的存在，否认了人的自我所应具有的真诚、自然和富有创造性的精神活力。罗洛·梅强调指出，存在感是以一种自发的三维方式存在于世界上的感觉，也就是说，人只有同时健康地生活在这三个世界上，他才会产生深刻的存在感的内在体验。如果为了排除和减少其他世界的影响而强调其中的某一个世界的作用，那么，存在感的现实性也就消失了。

---

① 力比多（Libido）是弗洛伊德提出的一个概念，用来指性的本能力量或性力，但这个性并不是生殖意义上的性，而是泛指一切身体器官的快感，包括性倒错者和儿童的性生活。弗洛伊德认为，力比多是人的心理活动的根本驱动力。

## 人存在于世界上的三种方式

每一个人都同时生活在三个世界：人与环境的世界、人与他人的世界、人与自我的世界。

存在感是以一种自发的三维方式存在于世界的感觉，也就是说，人只有同时健康地生活在这三个世界，他才会产生深刻的存在感的内在体验。如果只重视其中的一种或两种，而忽视了其他世界，人的存在就会受到严重破坏，造成不健全的人格。

# 时空存在的超越

在对人的存在方式做了以上的分析之后,罗洛·梅又继续探讨人与时间和空间的关系。在他看来,人类存在的本质在于他能够从当时当地的情境中脱离出来,能够对自己进行超越时空的分析和鉴别,这是人区别于动物的根本特征之一。

## 人超越时间

人存在于世界上是一个持续不断产生、变化和发展的过程,也可以称为"成长中的存在"(becoming being)。由于人类的存在处于不断的变化中,一直处在确立和尚未最终确立的进化发展过程中,对人类来说,时间就不仅仅是像钟表一样的按照分秒计算或年代推移。罗洛·梅强调指出:"在心理上和精神上,人都不仅仅是由时间决定的。相反,他的时间取决于事件的重要性。"[1]

---

[1] May R. Man's Search for Himself[M]. New York: Norton, 1953.

例如，一个年轻人昨天乘车上班用了一个小时，在办公室里枯燥地工作了8个小时，下班后和恋爱中的女朋友谈话用了10分钟，然后去成人夜校上课用去2小时，晚上睡觉8个小时。对这一天的事情他能记住多少呢？乘车上下班的2小时在他脑中几乎是一片空白，8小时的工作印象淡漠，夜校上课的2小时或许记得多一些，而只有与心爱的姑娘相处的那10分钟在他心中历历在目，甚至他在晚上做了4个梦，其中有3个和那个姑娘有关。就这个案例来说，心理时间的长短取决于它在这个年轻人生活体验中的意义，取决于它对个人的希望、焦虑和成长是否重要。从这个意义上说，记忆不仅是过去的时间在我们头脑中留下的印记，它还保留着那些对我们有重大意义的和使我们感到恐惧的事情。因此，时间和我们的关系不是机械的数量关系，而是和人的经验有关的意义关系。我国古代诗句中的"欢娱嫌夜短，寂寞恨更长"，说的也是同样的道理。罗洛·梅一再强调，人的生活并非仅由时间所决定，人能够有意识地控制和使用时间。他越能做到这一点，时间就越能给他带来无尽的成就和丰富的人生意义。否则，他越是消极被动地顺从他人，不能进行自由的选择，不能有效地利用和控制时间，就越可能成为时间的仆人，也就越会失去自觉的人生方向。

时间具有两面性，它除了能使人感受到存在的意义之外，还能给人带来焦虑，因为时光的流逝会使人想到那不可避免的死亡。时间使人感到害怕的另一个原因是，它会使人感到空虚，日复一日的时光流逝常使人感到烦闷无聊。若一个人回首往事，发现生活中一无所获，每天上班下班，吃饭睡觉，不能进行随心所欲的自由选择，无法实现更大的人生目标，时间就会使他倍感忧虑。在这种情况下，许多人企图通过麻痹自我而使时间模糊。其中最常见的形式是酗酒和吸毒，其次是竭力把时间安排得满满的。让时间在不知不觉中过去，似乎这样人们就过得很愉快、很充实。还有些人靠对未来的希望而活着，罗洛·梅认为把希望寄托在来世是一种宗教倾向，他也承认这种宗教倾向正是马克思所批判的精神鸦片。有些人则把希望寄托在将来找到一份好工作，有幸福的婚姻或在事业上取得成就。从创造性的、心理健康的意义上讲，这种希望能给人带来生命的活力，使人把对未来的期盼和愉悦部分地带到了当下；从消极的意义上讲，这种希望实际上扼杀了当下，因为它使人把心思从目前转向了不切实际的未来。这样的希望仍然是一种麻醉剂，能否实现并不完全取决于他自己。最后，还有一种人，把回首往事，沉湎于对过去事件的回忆当作消磨时间的一种心灵解脱。凡此种种，罗洛·梅认为都是一些病态的、非建设性的存在方式。

那么，人应该怎样建设性地超越时间呢？罗洛·梅认为，人首先应该学会生活在目前的现实之中，因为当下是我们所拥有的一切，过去和将来对人的意义就在于，它是在过去或未来某一时刻人的当下生活。现在的你想到过去某一事件，是因为过去事件影响到现在的你，过去的世界是物质的，它受自然规律和宿命论的制约。但人并不完全属于物的世界，人还拥有自我的世界，在万物有可能对我产生意义的世界里，传统的时间观念已完全消失，自我意识或顿悟的真谛，就在于它在这里直接地呈现在我们面前，人在产生顿悟的那一刹那间，一切都一览无余地展现在你的面前。这时，一切具体的时间都已完全消失。因此，过去的事件之所以对我们有意义，是因为它为现在的自我意识和顿悟提供了指南，帮助我们总结经验，让我们能自由地去选择。很显然，罗洛·梅并不否认过去事件的重要，他反对的只是某些心理学家，尤其是精神分析武断地把一切心理疾病的原因都归咎于过去，从而忽视了现实问题。

未来对现实生活的影响则在于，它能对人当前的心绪或心境（mood）发生作用，使人的现实生活更丰富、更深刻。这是因为未来对人具有导向作用，人的现实存在正是受这种未来导向支配的。人能够通过想象来设计未来的计划而超越时间。正如罗洛·梅所说，这种超越时间的能力是人类的典型特点，它完全依赖于人对自己存在的认识。罗洛·梅以前曾认为，对人的精神存在具有决定意义的暂时的"感情移入"或"共情"状态只是人的一种目前现状，意识到自己是正在经历着的"我"，是使人勇敢地面对生动的、直接现实的先决条件，因为"未来是由目前创造出来的"。因此，对人的存在具有决定意义的、主要的时间方式是未来，人正是据此作出其行动选择的。显然，这种时间观念是深受人本主义心理学思想影响的，因为人本主义心理学家普遍重视个体未来的发展，人本主义心理治疗的主要倾向就是面向未来的，这和精神分析治疗注重童年的过去，行为主义注重个体的当下形成了鲜明对照。当然，罗洛·梅对未来的重视并不是贬低当下的直接现实性和生动性，而是认为，使当下具有直接现实性和生动性的关键是人对未来的倾向和目的性，它是人进行选择和行动的基础。因此，即使是"具有决定意义的过去事件也是从目前和未来中获得其意义的……人只要还有自我意识，只要他不完全受病态的焦虑所控制而失去自由，他就永远在自我实现的过程中挣扎，永远在探索，永远在向未来前进"。①

罗洛·梅虽然重视过去事件对现在的影响，强调未来对人的导向作用，但他毕竟是一个注重现实的心理学家。他也同样强调此时此地对人的现实意义，"要保证未来的价值，最有效的办法就是勇敢地、建设性地面对现实，这是因为未来是由现在所产生，由现在所造就的。"②任何人都不能故意地逃避现实，但是，学会面对现实，建设性地生活在现实之中，并不是一件容易的事。一方面，它要求人对自我有高度的意识。人的自我意识越强，就越

---

① May R. Existence: A New Dimension in Psychiatry and Psychology[M]. (With E. Angel and H.F. Ellenberger). New York: Basic Books, 1958.
② May R. Man's Search for Himself[M]. New York: Norton, 1953.

能把自己当作行动者和行为向导来体验，他的生活就越具有活力。反之，人的自我就会和现实脱节，工作和生活中的我就像是另外一个人，恍若身在万里之外，心似浮云流水，整日神思恍惚，犹如睡梦之中。另一方面，正视现实也会给人带来焦虑，因为面对现实就要求人必须作出反应，不能退缩，也不能逃避。这就有可能给人带来一种不知所措的焦虑。此外，面对现实还有一个决策和责任的问题，因为过去的事件已成为历史，未来可望而不可即，谈论过去和现在相对而言要容易些，而面对现实则需要有勇气作出创造性的选择和为这种选择而承担责任，这就不是一件容易的事情了。总之，人若想超越时间，就必须要有强烈的自我意识，要能够通过人对现实作出的选择和决定而获得内心的自由，并依照他自己的内在完整性而负责任地、充满爱心地生活在现实世界中，正如罗洛·梅所说："自由、责任感、勇气、爱心和内在完整性等素质是一些理想的素质，还没有人能够完全拥有这些素质，然而，这些素质是我们的心理目标，正是它们为我们朝向整合的运动赋予了意义。"①

---

① May R. Man's Search for Himself[M]. New York: Norton, 1953.

## 心理时间：人与时间的关系

一个年轻人昨天乘车上班用了一个小时，在办公室里枯燥地工作了8个小时，下班后和恋爱中的女朋友谈话用了10分钟，然后去成人夜校上课用去2小时，晚上睡觉8个小时。对这一天的事情他能记住多少呢？乘车上下班的2小时在他脑中几乎是一片空白，8小时的工作印象淡漠，夜校上课的2小时或许记得多一些，而只有与心爱的姑娘相处的那10分钟在他心中历历在目，甚至他在晚上做了4个梦，其中有3个和那个姑娘有关。

心理时间的长短取决于它在这个年轻人生活体验中的意义，取决于它对个人的希望、焦虑和成长是否重要。记忆不仅是过去的时间在我们头脑中留下的印记，它还保留着那些对我们有重大意义的和使我们感到恐惧的事情。因此，时间和我们的关系不是机械的数量关系，而是和人的经验有关的意义关系。

## 人超越空间

人不仅能够通过自我意识利用过去和将来,在当下的现实中作出自由的选择(即人超越时间的能力),而且还能通过抽象思维、想象和象征等,对特定的情境作出多方面的反应和选择(即人所特有的超越空间的能力)。罗洛·梅相信,具有这种超越时间和空间的能力,人的心理才是健康的。

罗洛·梅曾深受德裔美籍心理学家、机体论者科特·戈尔德斯坦(Kurt Goldstein,1878—1965)的影响,戈尔德斯坦关于脑损伤患者丧失抽象能力的研究证明,大脑前额叶受伤的病人只有具体思维(concrete thinking)能力,他们往往会表现出过分的有条不紊和强制性的洁癖。例如,当房间里的东西未放在他们熟悉的固定位置时,他们就会产生极度焦虑并作出强烈反应;当医生要求他们写出自己的名字时,他们无一例外地从这张纸的左上方写起,或从人为画出的线下写起,而绝不可能写在纸的中间,这表明他们只受当前的具体情境控制,只有生活在具体的情境中才能保持其自我。相反,他们不能进行任何抽象思维(abstract thinking)活动,没有空间思维能力,当然也就无法进行超越空间的想象。

罗洛·梅引用戈尔德斯坦的研究,是为了证实人类具有超越具体空间的能力。这种超越空间的能力在人际关系上表现为人与人之间的相互信任和负责任。心理健康的正常人能够超越自我,站在他人的立场来旁观自己，而脑损伤患者和心理疾病患者则不能把自己视为他人来反观自我，因为他们的抽象思维能力和自我意识发生了障碍。罗洛·梅认为，人的自我意识和自我超越能力是密切联系的，自我意识正常的人能够同时把自己看作主体和客体，即能够站在客观的立场上，把自己与他人或他物进行比较，并作出决定性的选择。否则，他就不可能建立和保持正常的人际关系，更谈不上进行自由的选择、创造性的交往和对人类存在进行深刻顿悟了。

最后，罗洛·梅得出结论认为，人超越空间的能力是与生俱来的。他以人天生就具有抽象化和客观化的能力来证实他的观点。人是一种能进行反思的动物，在自我意识的支配下，人能够向自己提出问题，能够通过象征来想象和感觉自己的存在，发现人生的意义和价值。因此，超越空间的能力构成了人自由选择的基础，使人能通过抽象化的想象和思维，作出超越当前时间和空间的想象。例如，古人想象人能像鸟一样飞行，"敢上九天揽月，敢下五洋捉鳖"，《西游记》中孙悟空一个跟斗翻越十万八千里……在现代社会，随着科技的发展和进步，其中有很多超越空间的想象已经或正在成为现实。这正是人区别于动物的根本能力所在，也是人的心理健康的基本特征。

# 第二章 现代人的焦虑

Chapter Two

在罗洛·梅生活的时代，战争的阴云不断地笼罩在人们的心头。第二次世界大战在人们的心灵深处留下了惨痛的创伤。当时美国社会的生活动荡不安，经济危机、失业、通货膨胀、抢劫、暴力案件等时时冲击着人类脆弱的心灵。在这个新旧交替，生活似乎失去意义的时代，许多人往往怀着焦虑不安的心情来心理诊疗所，希望从心理医生那里获得某种心灵的启示和解脱。

作为一名执业心理咨询师和心理治疗学家，罗洛·梅一直在存在主义心理治疗中致力于焦虑问题的研究，努力理解焦虑在人类存在中的地位和作用，探索解决焦虑问题的出路。为了研究焦虑问题，他悉心阅读了前人有关焦虑的论著，特别是弗洛伊德在其系列讲座《精神分析引论》（*Introductory Lectures on Psychoanalysis*）中对焦虑的论述，以及克尔恺郭尔的《恐惧的概念》（*The Concept of Dread*）。这是两本思想观点截然不同的书。克尔恺郭尔的存在主义哲学理论涉及到焦虑的机制、结构及其与人的存在的关系,似乎更能从本质上解释焦虑的意义。而弗洛伊德是从人的性本能来阐述焦虑的,尽管罗洛·梅从理智上也能接受这种观点,但这一理论对于曾经身患重病的他来说,似乎并不能从根本上解决他的焦虑问题。

## 焦虑起源之争

在研究弗洛伊德的焦虑理论时，罗洛·梅认为，"研究弗洛伊德对焦虑的看法就会发现，他对这一主题的考虑在他的一生中正处于一个发展过程中。"[①]意思是说，弗洛伊德的焦虑理论在早期和晚期是有变化的，因而表现为两种不同的焦虑理论。一种是把受压抑的力比多视为焦虑的原因，另一种则把自我（ego）视为焦虑的原因。

弗洛伊德的早期理论有两个基本要点：首先，他认为焦虑是由被压抑的力比多转变而来，因此，焦虑的根源是潜意识的本我（id）。病人虽然表现出各种症状，例如对一切都充满了敌意，患有强迫症，坐立不安等，但这些显然并不是焦虑，因为病人在陈述症状时往往"连他自己也说不清"。而有些并没有表现出更多症状的人却往往有更大的"自由浮动的"期待性焦虑。据此，弗洛伊德得出结论认为，焦虑必然起源于对症状的真正原因的压抑，

---

① May R. The Meaning of Anxiety[M]. New York: Ronald Press, 1950.

这个真正的原因就是力比多，即潜意识深处被压抑的性本能力量。弗洛伊德相信，对力比多冲动的压抑会使力比多在焦虑中发生转换或得到释放。但是，罗洛·梅却进一步发现，一个强烈压抑性冲动的人虽然可能会有很大的焦虑和不安，但有强烈自制力的人则可能不会因为压抑性冲动而产生焦虑。因此，对力比多的压抑并非必然导致焦虑。

其次，弗洛伊德认为正常焦虑是对危险的一种均衡反应。例如，当人们遇到天灾人祸时，在学校里面对重要的考试时，任何人都会或多或少地感觉到焦虑，这是很正常的，如果一个人连这种焦虑都没有，那反而不正常了。而神经症焦虑①则是不均衡反应。即神经症先出现为因，焦虑后出现为果，神经症的出现主要是起源于个体内心深处的无意识冲突。罗洛·梅例举了一个年轻的音乐家的例子：这个年轻男子初次出去和一个姑娘约会，但由于某种他自己也弄不明白的原因，他非常害怕那个姑娘，可想而知，在约会期间他是相当痛苦的。后来他发誓要与那个姑娘一刀两断，把自己的全部身心都奉献给他所钟爱的音乐，以此来回避与姑娘约会这个现实难题。几年后，他成了一位功成名就的音乐家，但他发现自己在女人面前总是感到一种奇怪的压抑感，只要一和女性

---

① 在弗洛伊德精神分析学说中，神经症焦虑指自我担心无法控制性本能的冲动而导致的焦虑。主要有三种表现形式：一是焦虑性期待，因某种可能会发生的灾难而焦虑；二是病态的恐惧，明知不应对某一事物或情境感到恐惧，但仍有强烈的恐惧反应；三是作出突如其来的惊恐反应。

说话就脸红，甚至害怕自己的女秘书。有一次为了安排自己的音乐会，他不得不与委员会的女主席打交道，这竟然把他吓得要死。他找不到使自己如此害怕的任何客观原因，因为他也知道这些女人根本不会杀死他，而且事实上这些女人也并不比他更有力量和权势。他体验到的这种焦虑就是神经症焦虑。

虽然罗洛·梅基本上保持了弗洛伊德对正常焦虑和神经症焦虑的划分，但他认为，如果一个人的焦虑是向前移动的，是朝向未来的，那么，这种焦虑就是正常焦虑。例如，婴儿从母亲那里断奶，学龄儿童开始离开家庭去上学，以及长大后还要肩负起职业和婚姻家庭方面的责任等，这些都是人类不可避免的正常焦虑。如果他的焦虑是对自己的行为作出防御性的限制，甚至抑制了个体的发展，那么，这种焦虑就是神经症焦虑。一个在医院工作的名叫汤姆的年轻人患了胃穿孔，他很担心保不住自己在医院里的工作，而不得不去吃救济。每当这个时候，他就会大喊大叫地说："如果我不能养活家人，我将立刻跳海自杀。"他的焦虑就产生了防御性的限制，因为他感到自己挣工资吃饭的人生价值受到了威胁。这样，罗洛·梅对焦虑的划分便把一个人产生焦虑的情境和其中是否有自我力量参与联系了起来，从而考虑到了自我意识的作用，这和弗洛伊德的晚期理论有较多的相似之处。

弗洛伊德晚期焦虑理论的核心是把意识自我（ego）看作焦虑的根源，认为焦虑起源于自我对危险的知觉。这种危险可能来自外部，如纳粹对犹太人的迫害；也可能来自内部，如个体内心的攻击性冲动。由于自我觉察到有危险，才会有意识地压抑这种危险的冲动，如弗洛伊德晚年一直有意识地压抑自己对纳粹迫害犹太人不满，其目的是为了避免焦虑。直到1938年，纳粹对他的家人的迫害有增无减，在万般无奈之下，他才在友人的帮助下，逃离维也纳。再比如，父母对孩子非常专横和粗暴，孩子不得不面对父母根本不爱他这个事实，但他又无法反抗，只好把内心的攻击性冲动压抑下去，从而导致他长大以后难以正常地面对婚姻、家庭和孩子。当遇到专横和粗暴的现象时，他的内心就会产生攻击性冲动，但又不得不压抑下去。又或者他可能马上作出攻击性反应，导致家庭悲剧。因此，由压抑造成的神经症症状是由自我对危险的觉察引起的，即症状是外部表现和结果，而自我对危险的觉知则是内部的真正原因。

罗洛·梅在分析了弗洛伊德的论述之后，加上了自己的一些看法。他认为不应该从字面上来解释弗洛伊德的观点，而应该运用弗洛伊德的推理把这种心理发展解释为表现出愈来愈多的象征意义。例如，害怕死亡是焦虑的一种正常形式，但害怕死亡并不是焦虑的根源。焦虑的真正根源是害怕空虚无聊，也就是一个人在面对他所信奉的人生价值丧失时所体验到的"虚无"或"非存在"的深刻威胁。这种威胁是由"虚无"（nothingness）引起的，人死了，也会化为虚无，这才是焦虑的根源，它与人的本体论存在是分不开的。例如,古希腊哲学家苏格拉底不愿意放弃自己坚持真理的自由,而被雅典法庭判处死刑。面对死亡,他也有焦虑,但这显然是正常焦虑。所以,焦虑本身并非都是神经症的,只有逃避焦虑的企图才是神经症的。在正常人身上这种焦虑最初仅仅是作为恐惧来体验的,例如,社会不认可,对其行为施加惩罚(如上例中的苏格拉底和法国民族女英雄圣女贞德受到刑罚),甚至丧失母亲的爱(婴幼儿在母亲离开时都会啼哭不止,这体现了人类生命初期对母爱的原始渴望)等。只有当正常人认识到自己的生存受到威胁,而抵御这种威胁的自我力量又不足时,他才开始体验到焦虑。

虽然罗洛·梅反对弗洛伊德把个体看作只是力比多需要的"承担者",但他也承认,弗洛伊德对神经症症状形成原因的解释,对神经症焦虑的主观方面的强调,以及他对"分离式"焦虑的关注等都是有积极意义的。在罗洛·梅看来,弗洛伊德越来越关心产生焦虑的外部情境,这不仅表明弗洛伊德开始倾向于根据一个人与他人的关系来看待个体,而且可以用自我–本我–超我的三部人格结构学说来解释焦虑。这一点是值得肯定和吸取的。罗洛·梅还认为,一个人可以压抑他对某些心理冲突方面的意识,从而导致不均衡的反应。在这一点上,罗洛·梅和弗洛伊德一样,都把它们看作是正常焦虑和神经症焦虑之间的分界点。例如,那个从小受到父母专横和粗暴对待的孩子,可能会暂时压抑自己内心的冲突，但由此导致的神经症焦虑，却会在他成年后把以前的冲突重新激活，在职场上不自觉地对同事或其他人进行言语贬低、身心威胁等。

归根结底，罗洛·梅借用弗洛伊德的研究是为了说明他后来所谓焦虑的本体论结构。因为在他看来，焦虑就是由于人的存在感受到威胁所致。人在焦虑情况下，就会降低存在感，无法感知到自己存在的价值，模糊了时间感，使人对过去的记忆含糊不清，对未来感到绝望，"这或许就是对焦虑攻击了一个人的存在核心这一事实最有力的证明。"[①]

总之，罗洛·梅对弗洛伊德的研究和评价主要集中在产生焦虑的原因、焦虑本身的结构，以及焦虑和本我之间的关系等。至于焦虑和存在结构之间的关系，弗洛伊德并没有加以研究。只有从克尔恺郭尔的焦虑理论中，罗洛·梅似乎才对焦虑产生了他所谓真正的顿悟。他才开始把焦虑看作是个体面对其自由受到威胁时的一种必要的心理状态，一种存在的本体论结构。

---

① May R. Existence:A New Dimension in Psychiatry and Psychology[M].(With E.Angel and H.F.Ellenberger).New York: Basic Books,1958.

## 焦虑与自由选择

存在主义哲学家们对人类存在所表现出来的基本思想是，对人生持悲观失望的态度。然而，在他们的具体研究中，他们却试图揭示现代人在运用其自由与责任，运用其选择的能量来实现自己的真正存在时所表现出来的人格特点。因为他们相信，人虽然是有限的存在，例如，生命的有限性、时空的有限性等，但在有限的范围内，人仍然能作出自由的选择。面对焦虑，存在主义哲学家们也是以这种观点来进行分析的。大多数存在主义者都认为，由于人类能意识到他们总有一天会死亡，死亡就代表着虚无，它是人类丰富、充实和创造性生活的对立面。一方面，我们努力寻求一种充实、永恒的生活，另一方面我们又意识到死亡的不可避免。我们对死亡的这种自我意识便引发了焦虑。不过，焦虑并非都是消极的，它还可以促使个体在适当的时候尽可能多地从生活中获得他们所能获得的东西。另外，他们认为，每当个体已经确立的价值观受到威胁时，这种威胁就被看作是对人的存在的一种攻击，就会使人产生焦虑。

罗洛·梅深受存在主义哲学影响,他尤其推崇克尔恺郭尔的哲学观。在对克尔恺郭尔的观点进行评价时,罗洛·梅将其归纳为以下几个方面。

**焦虑产生于人的自由选择**

罗洛·梅认为,自由是人的一种潜在可能性,它基本上属于人的潜能范围。自由主要表现在发展人的个性化和独立性时所面对的一些新的体验中。在人的一生中,人总是要发展和成长的,这就必然面临许多新的体验和选择。但是,每当个体获得一种新的体验或作出可能的选择时,就好像走上一条新的道路,进行一种新的探索,其前程无法预测,就会使人产生焦虑。因为我们并不知道这条道路的前方究竟潜伏着什么样的危险,也不知道这种新的探索能否成功。因此,人在自由选择和发展"自我力量"的同时,必然伴随着这种潜藏在自由中的焦虑。人的自由选择的可能性越多,产生的焦虑也就越多。这样一来,罗洛·梅就把克尔恺郭尔关于焦虑的思想和自我发展的积极方面联系起来了。这种联系的核心理念是,要想使自由选择这种"可能性"变成"现实性",就必然经受焦虑的考验。例如,一个遭受校园欺凌的孩子,平时在遭受欺凌时都是默默忍受,当他作出自由选择,想要和对方打架时,他知道自己可能会受伤,此时他的内心就会体验到焦虑。罗洛·梅确信，这就是人的最显著特点，是自我成熟的标志和建设性目标。只是在当时罗洛·梅还没有使用"存在感"一词，而仅仅把它说成是自我觉知或意识。

**焦虑起源于自我意识的发展**

在研究克尔恺郭尔的焦虑理论时，罗洛·梅曾简单梳理了造成19世纪西方社会的现代人精神崩溃和人际疏远的原因。罗洛·梅认为，当时科学技术的迅速发展，工商业的繁荣，文学艺术的多种运动和创新虽然给社会带来了进步，但是，人的心理一时难以适应，在众多的学术理论中，人们很难找到一种关于人的稳定的、整体的和全面的观点，很难在纷繁复杂的现实生活中发现人生存在的最终目的。罗洛·梅指出，克尔恺郭尔对当时崇尚理性的社会风尚极为不满。在哲学上他企图以自己的学说来克服19世纪人的理性生活和非理性情感相分裂的现状。他把人类个体的存在看作是活生生的、有思想的、有情感的、活跃的统一体，其中非理性的因素占据着主导地位。只有具备了"非理性主观体验"的存在才是宇宙的本质和本原，而其他世间万物只不过是它所派生的假象。但是，要达到非理性的存在，则必须通过人的自我意识。

罗洛·梅吸收了克尔恺郭尔的这种观点中的某些思想。他特别推崇克尔恺郭尔《恐惧的概念》一书，认为这是一本"从现象学的观点来描述人类情境"的好书。在这里,克尔恺郭尔相信,恐惧是人的自我意识中天生的一种心理冲突状态。刚离开母体的"梦幻般天真"的儿童,在面对一个陌生的世界和用新的方式去学习和冒险时都会产生恐惧。但他们还没有焦虑。儿童把注意力主要用于探究他的身体和生理方面的能力及其与环境之间的关系,同时还保留了许多千奇百怪的念头,因而此时儿童还没有充分施展他的自由。只有在发展个性化的过程中,随着人的自我、自我觉知、善恶感、危机感等的发展,人的自我意识发展到存在感的高度时,才会产生焦虑。换句话说,人只要觉察到自己的发展,就必然会产生焦虑,但这种焦虑在大多数情况下都是正常焦虑,因此,焦虑是人的存在结构的反映。罗洛·梅补充说,人首先产生的是自我觉知,即知道自己的外部特征,然后才会逐渐深化为自我意识。一个有清晰自我意识的人,才能自我指导个体的发展,才能使自我意识得到健康的终生发展。

在克尔恺郭尔看来,人不是完全受环境中起决定作用的自然力量支配的。每个人都具有独立性和自由选择的能力,这种能力是天生于人对自我的意识中或存在于他的现有条件和可能性之中。按照他的观点,人的自我意识越强,即明确地认识到自己是个什么样的人,想要成为什么样的人,他就越有可能成为真正的自我,他就越能发展他的自我和自我力量。但是,和自由选择一样,在自我意识的发展中也必然包含着焦虑。例如,人在自由选择时所发生的内部冲突,某些固定不变的恐惧力量,都会使人对某一对象既感到恐惧,又万般迷恋,不愿割舍。这些相互矛盾的心态就构成了焦虑的内在冲突的典型特点。

一个小孩子看到成人快速轻便地爬楼梯,他也学着爬楼梯,他会反复再三地尝试,当从楼梯上摔下来时他会疼得大哭不止,但他又很想爬上去,于是,摔倒了,再爬起来,此时他的这种心态就体现了其自我意识发展中的焦虑。克尔恺郭尔进而认为,焦虑是人的自我意识受到威胁所致,爬不上楼梯就意味着自我很弱小,就会使人产生焦虑。因此,焦虑内部的矛盾心理是在人对自由的恐惧中天生就有的。它既能给人提供创造的可能性,又可能降低甚至削弱人的自我。罗洛·梅非常赞赏克尔恺郭尔对这一现象的分析,并对此补充说,这种内在的矛盾性,这种同时存在的对创造的赏识和对削弱自我的担忧心理,在他的临床心理治疗中也是司空见惯的。罗洛·梅曾描述过一对孪生小姐妹,她们的父母在带着她们出门时总是让她们穿一样的衣服。当她们长到大约三岁半时,那个小些的性格外向的小姑娘却变得总想穿和她姐姐不一样的衣服。如果她和姐姐穿得一样,她就要设法穿一件旧些的或者不那么一样的衣服,以便和她姐姐区别开来。如果她姐姐和她穿得一样,她就会在出门之前哀求姐姐。有时甚至哭着求姐姐不要穿一样的衣服。她的父母为此困惑不解,问道:"你们俩出门散步时,难道你不想听到街上的人说,'瞧,那两个可爱的孪生姐妹'吗?"那个小姑娘立刻大声说道:"不,我想听到人们说,'瞧那两个不同的人!'"显然,这个小姑娘是想成为一个独立的人,有自己身份的人,而不是想要通过一样的穿戴而更引人注目。

因此,罗洛·梅指出,这种潜藏在自我意识中的自由既不是一种单纯的功能,也不是一种一劳永逸的成就。自由就是一个人意识到他自己的潜能,成为一个与众不同的人。人既希望退缩到安全地带,而且完全无视自己成长发展的潜能,同时又希望达到和实现这种潜能,这种相互矛盾的心理就会使人产生紧张。罗洛·梅把这一矛盾心态和紧张称为焦虑。一个人的心理是否成熟和健康,关键在于他怎样在每一时刻都把他的自由选择的范围、力量和实现与他的自我意识联系起来,以及他是否能勇敢地面对这种潜藏在自由中的焦虑,鼓足勇气,昂首前进。例如,学生时代的青少年能否尽快确定自己想要成为什么样的人,并为实现这一理想脚踏实地地努力学习;进入职场工作的人能否尽快确定自己成长发展的方向和目标,坚持不懈地克服困难,通过不断地自由选择和调整,实现自己的理想和目标。

**选择带来责任与罪疚感**

克尔恺郭尔认为,责任和罪疚感必然存在于一个人接受和实现其"潜能"的过程中。因为每一种选择或创造性的意愿和行动都意味着要打破现状，为了某一种选择就必须放弃原来已经作出的选择，放弃原来的选择也就意味着不再为这种选择负责任，但却会使人产生某种罪疚感，因为作出新的选择就意味着不能坚持完成原来的选择，是意志力不强的表现，个体会为此感到愧疚。因此，罪疚感就是一个人有意识选择的必然结果。个体具有的可能性越多，越富有创造性，越敏感，越有洞察力，那么，在实现其自由的过程中，他就会经常地作出各种新的选择，他的焦虑感和罪疚感就越沉重。但是，面对当时欧洲社会的现实，克尔恺郭尔对此采取了悲观主义的态度。他认为，企图逃避焦虑或罪疚感是不可能的，特别是借助于相信命运和机遇来进行逃避更是毫无意义的。因为个体要想逃避焦虑，就必须封闭自我，索性不进行任何选择。但在现实生活中这几乎是不可能的。自由选择会产生新的可能性，而可能性则产生焦虑和罪疚感。显然，焦虑的根源就存在于实现人的可能性（即潜能）之中，即存在于人的自由选择之中，因为有自由选择就要为此而负起责任。由于我们绝不可能消除人的可能性或潜能，因此，否认自由选择只能使焦虑和罪疚感加重，或者做了选择而不想负责任也同样会产生焦虑。表面看来，神经症患者通过否认其自由和责任而暂时地防止了焦虑的发生，但却埋下了罪疚感的种子，而且否认一旦终止，焦虑便会加倍迅速地出现。例如，有人把自己的一切都托付给别人，在家里从小就由父母安排，结婚后由丈夫或妻子安排自己的一切，在单位上由领导安排，自己只是像机器一样完成别人的指派，看似没有责任，也没有焦虑，但其内心深处是有罪疚感的，因为他或她失去了自我存在的价值。

我们经常听到有人在遇到问题时总是抱怨自己"命不好"，实际上就是想要找个借口，逃避自己的自由选择和为之所应负的责任。一个人如果终生否认自己的可能性，他就会终生背负着罪疚感的沉重负担。这样一来，人就会陷入一种可怕的自我封闭式的循环之中。他不再是一个有自我意识的、有丰富思想的人，而是变成了一个畏缩、固执、胆怯和不自由的人。他不想与任何人建立联系，而是闭锁在神经症的、自我毁灭的恐惧之中。例如，一个小学三年级的男孩子，正处在精力充沛、活泼开朗的年龄段，但他却总是显得弱气扭捏，父母跟咨询师反馈说，这个孩子现在很胆小，整天担心这担心那，出门后略高一点的石阶也不敢下，非要父母抱才行。经过咨询师了解，在这个家庭里有一位具有神经症焦虑的养育者——从小照料孩子长大的姥姥。带孩子出去玩时，姥姥随时担心孩子会摔倒，总会不由自主地提醒孩子小心这里，担心那里，就连孩子轻轻一跳就能跳下来的石阶，也一直都是由她抱着孩子走上走下。孩子逃避了自己的自由选择和为此所应负的责任，因此当孩子与外界世界接触时就显得格外胆小、退缩，宁愿选择拒绝接触，从而避免面对充满不确定性的外部世界。

### 最大的焦虑是对虚无的恐惧

罗洛·梅认为,在克尔恺郭尔那里,最大的焦虑是"对虚无的恐惧"(fear of nothingness)。因为焦虑是一种内部心理状态,它是有明确目标和针对性的,它所攻击的对象就是人的存在之核心——即人的存在感或对存在价值的内在体验。罗洛·梅指出,当克尔恺郭尔强调焦虑是"对虚无的恐惧"时,他讲的实际上是对自我解构(self-deconstruction)的恐惧,是对消灭自我的恐惧,简言之,焦虑就是对死亡的恐惧。而在弗洛伊德那里,焦虑是没有明确目标和对象的。在罗洛·梅看来,他们两人的观点类似于存在主义哲学家保罗·蒂利希所谓的对"非存在"(non-being)的恐惧。它是人生最大的恐惧。我们可以把它体验为死亡的威胁。这里所谓死亡既可以是身体的死亡,也可以是心理上感受到的人生意义的丧失,甚至人的整个精神的死亡。因此我们可以把这种虚无的恐惧看作是对人类生存的脆弱性的恐惧,是对自由的恐惧,是对可能丧失人的潜能的恐惧。归根结底,这种恐惧就是焦虑。

从以上的论述中我们可以发现,罗洛·梅对克尔恺郭尔的学说是抱着基本肯定态度的。他对其焦虑理论的基本看法也是强调它的积极方面,即焦虑和自由的关系。因此,他主张,一个人应该勇敢地面对其自由中固有的焦虑,这样,在同焦虑作斗争的过程中,人通过自由选择使自我产生成长发展的力量,形成成熟的有意识的责任感。虽然其中还有焦虑，但这种焦虑是正常焦虑，是促进个体正常发展的动力。但是，罗洛·梅也吸收了克尔恺郭尔理论中的某些消极的观点。我们知道，克尔恺郭尔的学说带有强烈的非理性主义色彩，是一种悲观主义的论调。他对人的存在及其本质的看法，对焦虑原因的分析等都表现出他对人类生存的脆弱性采取了一种无可奈何的消极态度，最后不得不求助于上帝的拯救，求助于宗教的精神寄托。罗洛·梅在吸收克尔恺郭尔存在主义哲学的积极因素的同时，也接受了他的观点中的某些糟粕。

总之，罗洛·梅在研究弗洛伊德的精神分析和克尔恺郭尔存在主义哲学的过程中吸收了这两位学者，特别是克尔恺郭尔的许多观点，并结合自己的临床实践，逐步形成了他的存在分析的焦虑观。

## 焦虑的本质

焦虑究竟是什么？如何看待焦虑的本质？这是罗洛·梅从一开始就十分关注的问题。在《焦虑的意义》一书中，他在分析了一些主要心理学家、哲学家和社会学家的焦虑理论之后，便着重研究了焦虑的本质。他把焦虑界定为一个人感受到其存在受到威胁时的一种体验，是人视之为与其生存同等重要的价值受到威胁时的基本反应。他明确指出：焦虑是"由于个人的人格及存在的基本价值受到威胁所产生的忧虑，个体往往把这种价值视为其人格存在的基础"[①]。后来，在《人的自我寻求》中，罗洛·梅进一步指出，人格结构发展的混乱会产生反常的焦虑，而导致人格结构混乱的原因在于人的价值观发生了混乱。罗洛·梅对焦虑实质的看法可概括为以下几个方面。

---

① May R. The Meaning of Anxiety[M]. New York: Ronald Press, 1950.

## 焦虑是对存在受到威胁的一种反应

罗洛·梅认为,受到威胁的存在可能是这个人的生命,如疾病、事故、天灾人祸、死亡带来的威胁等,或者是那些使人认为与其生命有同等重要意义的信念,例如完成其特定角色的能力(如做一个父亲,挣钱养育子女,成为家庭的支柱等),以及个人的职业、名誉和地位等。罗洛·梅曾举例说,当某人的一个朋友在大街上与他擦肩而过却没有和他说话时,他可能在自己心底感到一种轻微的痛楚,而且这种痛楚使他始终耿耿于怀,也使他感到困惑,因此竭力想要找到这个朋友为什么如此冷落他的原因。罗洛·梅认为,这种焦虑就是人们心中某种重要的东西受到威胁所致,是使他感到痛苦的一种内心感受。另外,受到威胁的也可能是其他一些重要的价值或象征,例如爱国主义、在事业上获得成功、商业安全、家庭美满、自我认可的社会地位、坚定的宗教信仰等。最初,人们是把威胁当作恐惧来体验的,但是当他们认识到这些威胁是对自己存在的威胁,而抵御这些威胁的自我力量又不足时,人才开始真正地体验到焦虑。

## 焦虑是对人的基本价值受到威胁的一种反应

罗洛·梅非常重视价值和价值观在人类存在中的作用。在他看来，一个人生存在这个世界上的基本支柱就是人的价值观。如果他的生存价值或价值观受到威胁或挑战，他就必然会产生焦虑。这是因为"人类焦虑的不同性质起源于这一事实，即人是价值性的动物……正是对这些价值的威胁才引起了焦虑"[1]。例如，美国人曾深信，一个人越是拼命工作以便使他获得经济上的利益和变得富有，他也就为全社会的物质进步作出了越积极的贡献。但是，在罗洛·梅生活的20世纪，他发现，在美国这个由巨头垄断的资本主义国家里，并没有多少人能够作为个人竞争者而取得成功。相反，一个人的成功更多地取决于他是否很好地懂得与自己的同行合作。如此一来，美国人开发西部时那种传统的"靠个人奋斗而成功"的价值观念便受到了强烈的冲击，几百年来为美国人提供了凝聚核心的那些价值观念和奋斗目标已经不再适用于现代人，但新的价值核心或存在感还没有找到，人们无法作出建设性的自我选择，从而产生无所适从的痛苦、困惑和焦虑，这是导致现代人心理疾病增多的主要原因之一。

**焦虑是对死亡威胁的恐惧**

人是拥有价值和价值观的存在，而死亡则是对人所拥有的全

---

[1] May R. Psychology and the Human Dilemma[M]. New York: Norton, 1967.

部价值观的彻底抛弃，这也是人类所独有的特点。人一旦从存在状态进入非存在状态，便意味着他彻底失去自我和世界。因此，人类对死亡带来的恐惧便成为人类焦虑的一个重要根源。然而，人的价值观的丧失却比肉体的消亡更为重要。在面对价值观丧失和肉体消亡的双重选择时，许多仁人志士不是以自己不朽的献身行动作出了最好的回答吗？因此，罗洛·梅指出："死亡是导致焦虑的最明显的威胁，因为除非一个人坚信永生，这对我们的文化来说是不同寻常的，否则死亡便代表着把存在着的自我最终抹杀了。但是，我们马上便注意到一个非常古怪的事实：有些人宁愿死亡也不愿意向另一种价值观投降。在欧洲专制下，心理自由和精神自由的取缔往往比死亡对个人的威胁更大。'不自由，毋宁死'，这并不一定是戏剧表演或神经症患者的一种态度的证据。的确，人们有理由相信……它可能代表着与众不同的人类行为的最成熟形式。"[1]无论是为说出自己信奉的真理而被雅典法庭判处死刑的苏格拉底，还是宁死也要支持哥白尼"日心说"的布鲁诺，以及许多宁死不屈的革命先烈，都鲜明地体现了追求真理的价值是大于生命价值的精神力量。

---

[1] May R. Psychology and the Human Dilemma[M]. New York: Norton, 1967.

## 焦虑是对内部心理冲突的反应

罗洛·梅认为，焦虑标志着我们的心理内部发生了某种冲突。不过，罗洛·梅在冲突的实质和起源的看法上不同于弗洛伊德。弗洛伊德认为，冲突在本质上几乎总是与性（sex）有关，焦虑就是由性心理冲突产生的。人们往往不愿意在意识层面觉知到性，比如联想或谈论到性，是因为意识层面对性的觉知往往伴随着性道德带来的压抑，这种压抑会引发不愉快的情感，由此产生了本能与压抑之间的性心理冲突。而罗洛·梅则认为，产生焦虑的内部冲突恰好位于存在和非存在之间，即身体或精神的生与死之间。因为当个体试图实现其潜能时，他往往面临着前行（progression）和退行（regression）的双重选择。前行即可运用其潜能实现个体的存在价值，但这样做又会对个体当前的安全造成威胁。而退行虽然可获得暂时的安全，但却逃避了责任，阻碍了潜能的实现，走向了精神的非存在。罗洛·梅指出，后一种做法是有罪的，是不负责任的，这"是因为能够选择实现潜能的个体没能做到这一点"[①]。显而易见，无论是前行还是退行，无论是选择存在还是选择非存在，都会使人产生内部心理冲突，都会引起焦虑。

总之，焦虑是对威胁人的存在和价值观的一种反应，它体现

---

① May R. Existence:A New Dimension in Psychiatry and Psychology[M]. (With E.Angel and H.F.Ellenberger).New York: Basic Books,1958.

了人的存在与非存在之间的冲突。因此，在人的实际生活中焦虑是不可避免的，例如每个人都会经历离开家庭去上幼儿园，都要进行职业选择，都要承担婚姻和家庭的责任等，由此而引发的焦虑就是正常焦虑。而那些由于潜意识心理冲突所导致的焦虑，则使人感到自己无力面对，仿佛使自己置身于混乱之中，茫然不知所措。焦虑已成为人类心灵的一种自然的自我防御机制，只是这种防御机制具有两种不同的性质，这就是罗洛·梅关于正常焦虑和神经症焦虑的划分。

## 焦虑的本质

焦虑是一个人感受到其存在受到威胁时的一种反应。

受到威胁的存在可能是这个人的生命,也可能是那些在他看来与其生命有同等重要意义的信念,例如完成其特定角色的能力(如做一个父亲,挣钱养育子女,成为家庭的支柱等),或者个人的职业、名誉和地位等。当一个人意识到其存在受到威胁,而抵御这些威胁的自我力量又不足时,他便开始体验到焦虑。

# 现代人的焦虑根源

在上一节中已经提及,进入20世纪以后,社会发生了巨大的变化,在19世纪起作用的某些价值观到了新世纪却不适用了。罗洛·梅认为,"在一个变化的时期中,当旧的价值观是空虚的,传统的习俗再也行不通时,个体就会体验到特别难以在世界上发现自己。"[1]罗洛·梅把造成现代人焦虑增多的主要原因归结为两个面向:一个是现代社会的价值观丧失,另一个是普遍存在的空虚与孤独。

## 价值观的丧失:现代人焦虑根源之一

罗洛·梅认为,我们失去的第一种价值观是旨在最大限度地谋求利益的健康的个体竞争的观念。在19世纪以前的美国,社会和经济发展比较缓慢,当这种情况在相当长的时间里保持稳定时,

---

[1] May R. Psychology and the Human Dilemma[M]. New York: Norton, 1967.

作为个体的人就能形成有效的价值观来对付周围世界的各种情境，并且使自我得到充分的表现，甚至有可能许多不同的个体都拥有类似的价值观。这就是美国西部大开发时期的情况，在当时的美国社会，靠个人奋斗起家的个体主义和实用主义得到相当普遍的承认。

但是，进入20世纪以后，人们却采纳了一种不健康的、开发式的（即掠夺式的）竞争方式，"这使每一个人都成为其邻居的一个潜在的敌人，从而造成了人际之间许多的敌意和仇恨，并极大地增加了我们的焦虑和相互疏离。"[1]为了掩藏我们的相互敌对情绪，我们便组成了一个彼此结合而成的国家。作为青少年，我们要忠诚于同伴群体；作为成人，我们则隶属于公民组织和社会团体，我们产生了要求被别人接受和受别人接纳与欢迎的强烈需要。人们通过使自己参加到各式各样的服务性组织之中，通过使自己成为被所有人喜欢的"好好先生"，来掩盖人们彼此之间的敌视和憎恨，然而，人与人之间的冲突还是会不可避免地爆发出来，因为在这种需要的背后隐含着日益深化的焦虑和彼此分离疏远的感觉，我们深感丧失了个体的自主性，我们甚至对自我也变得陌生了，焦虑正是在这种情况下悄然而生的。

我们失去的第二种价值观是我们解决问题时的理性功效的信

---

[1] May R. Man's Search for Himself[M]. New York: Norton, 1953.

念，即相信个人可以通过自己的理性能力，认识和把握事物的本质和规律，有效地解决自己面临的社会现实问题。这个信念和个人竞争的价值观一样，也是从欧洲文艺复兴时期开始的。在17世纪时它对启蒙运动的哲学探讨作出了重大贡献；在18世纪，这种信念曾导致了西方科学与教育的巨大进步。那时个人理性也意味着"普遍理性"，也就是说，每一个有理智的人都要放弃非理性的宗教价值观，去发现可以使每个人过上幸福生活的普遍的理性价值观。人们对理性的推崇在18世纪达到了高峰。

进入19世纪，这种信念开始发生动摇。人们把理性的意识和非理性的情绪情感（不再是非理性的宗教价值观）分离开来，把意识推理看作是理性的和良好的，是对问题作出科学理性的解答，而把情绪情感看作是非理性的和不好的，是缺乏科学性的。到了20世纪，理性的意识和非理性的情感继续分裂。在罗洛·梅看来，这种理性和非理性的分裂也对人格分裂造成了一定的影响。例如，人们在使用理性这个术语时，指的几乎都是人格中的一个碎片。人们常常为此而纠结不已：我应该遵循理性，还是应该对感官的情欲和肉体的需要作出让步，还是应该忠实于我的道德责任？在这种人格分裂状态下，人们往往采取不恰当的行动，在需要我们用经验加以统一的情境中，要么单纯地施加理性的影响，要么听命于非理性的安排。陷入这种分裂的困境之中，人在精神上的痛苦是可想而知的。

罗洛·梅认为，我们失去的第三种价值观是人的价值感和尊严感。价值感和尊严感都属于自我感（sense of self）的核心范畴，因此也可以说是自我感的丧失。它们的丧失在很大程度上是由于人们普遍感到在庞大的社会机构面前自己是那样无能为力，根本无力改变政府和有关部门的政策和行动。这样，人们逐渐开始把政府和行政部门看作是一些不会对个人的需要作出反应的巨大而非人的行政机构。罗洛·梅以第二次世界大战为例指出，政府领导者武断地把人民和物质资源投入到一场灾难性的战争中去，对国民的心理造成了难以言表的损害。个人的无力感和无助感在日益变化的社会生活中也自然而然地发展起来了。另外，通货膨胀和经济衰退几乎同时对人们的心理承受力产生了剧烈的冲击。灾难性的战争、核战争的威胁、社会治安的恶化、工人失业、物价飞涨……使现代人脆弱的心灵倍受冲击。在这样一个足以威胁人类生存的不确定的世界上，许多人感到环境是无法控制的，个人的力量是软弱无力的。罗洛·梅形象地比喻说，现代人就像是一场恐怖游戏中的人质，他们的生命受到严重威胁。在这样混乱的环境中，人们根本找不到自己存在的价值感和尊严感，他们怎么能不发生焦虑呢？

罗洛·梅进而指出，不仅价值观的丧失会引起焦虑，而且人与自然、人与社会、人与自我之间关系的破坏也会引起焦虑。因此，在现代社会中，产生焦虑的原因还在于我们失去了以下两种关系：

第一，我们失去了与大自然的和谐关系。现代社会的人们过分关注控制自然的技术力量的发展，而不太关注如何理解自我与自然的关系。现代社会中许多有识之士强烈呼吁人类回归大自然，还地球本来面目，并且发出了强烈要求保护环境、维护自然资源的呼声。所有这一切都可以看作是对一味追求技术、拼命掠夺自然资源和财富的一种抗议。"这些在与自然的关联中所产生的体验，会使大多数人产生过量的焦虑。"[1] 这样做的结果是使我们失去了对大自然的敬畏感。

第二，现代人还失去了以成熟的爱的方式与别人建立联系的能力。罗洛·梅认为，现代社会的人往往把性与爱混为一谈。20世纪以来的西方性革命虽然在一定意义上缓和了维多利亚时代严酷的性道德禁忌，但由此而造成的相反结果也同样令人不安。有人甚至公然宣称，凡是不沉溺于持续的性活动中的人都是不健康的人，而更多地从事性活动就意味着善于同他人发展良好关系，等等。诸如此类混乱的性解放和性革命思想更加剧了社会和思想的混乱，实际上并没有使焦虑有所减少。在这个价值观念剧烈变换的时代，人们千方百计地试图克服他们的焦虑，其中一种方法就是把性作为获得安全感的手段。罗洛·梅指出：

---

[1] May R. Man's Search for Himself[M]. New York: Norton, 1953.

焦虑借以表现自己的一个领域就是在性欲中和对同伴的选择中。在我们的时代里,性常常被用来服务于安全:这是克服自己的情感冷漠和孤独的最便利的方式。性伙伴使人产生的兴奋不仅是对神经紧张的发泄,而且可以证实人们自己的意义;如果一个人能够在另一个人身上引起这类情感,他便证明他自己是活生生的。"情侣"……以及许多大学生中的早婚倾向同样经常用于克服焦虑 ——"在一起"至少能提供一种暂时的安全感和意义感。但是,"在一起"也很容易使人变得空虚和厌烦,特别是当它开始得这样早,年轻人还没有机会形成伙伴兴趣的能力。性总是我们在性交时所能做的那种事情。这样,情侣关系就变成了毫无意义的乱交,它以身体的亲密代替了个体的关系。当把"人"放弃时,就要求用"身体"来填补这个空隙。早婚是用性来寻求安全的第二种结果。早婚的目的同样是为了解除由于不成熟而造成的焦虑。在未来有可能经常萦绕在心头的令人厌烦的婚姻就是由于不成熟而造成的空虚。[1]

在罗洛·梅生活的时代,美国每年有100多万人非法堕胎,大

---

[1] May R. Psychology and the Human Dilemma[M]. New York: Norton, 1967.

量的少女未婚怀孕。罗洛·梅发现，当时美国13—20岁的女孩子，有1/6的人未婚先孕，尤其是在处于社会下层阶级的人当中，这种现象更为严重，同时这一比例在中上层阶级的女孩子中也有显著增加。

罗洛·梅曾治疗过一个中上层阶级出身的女病人，这位女病人的父亲是个小城市的银行家，她母亲是个道地的大家闺秀，对每个人都摆出一副"基督徒"的面孔。从表面上看，这位母亲非常严厉和苛刻，但实际上她很厌恶自己生下这个女孩子。这位女病人受过良好的教育，30岁出头就在一家大型出版社担任编辑。她显然并不缺乏性与避孕的知识。但在25岁左右，她就已经非婚怀孕过两次。这两次怀孕使她产生过痛苦的罪疚感和强烈的内心冲突，但她却仍然一次又一次地怀孕和堕胎。在20岁出头时她有过两年的婚姻生活，丈夫也是个知识分子，但他们在情感上却并不和谐，十分冷漠。虽然他们尝试用打情骂俏的方式来改变他们的婚姻生活，但并未成功，最终两人以离婚而告终。她离婚后过着独身生活，有时作为志愿者在晚上给盲人念书听。不久，一个青年盲人让她怀了孕，尽管这件事搞得她很狼狈，但在她堕胎之后不久，她又一次怀孕了。罗洛·梅分析说，这个女病人有着典型的分裂型人格：一方面，她有才干、智识高、头脑清晰、事业成功；另一方面，她在个人交往方面显得冷淡疏远。她之所以怀孕，是希望证明有人需要她，希望弥补她情感上的空虚，希望表达对其父母那种虚伪的中产阶级生活方式的强烈敌意。

显然,企图用性来与他人建立正常的联系是一种不成熟的爱的方式。它不仅不能减轻焦虑,由此导致的社会和心理问题反而有增无减。罗洛·梅认为,性实际上是一种麻醉剂。它可以使人的感觉变得迟钝,使个体不能正确地认识自我,因而无法完整地意识到自己与他人的根本区别。现代社会中许多人有一种错误的看法是,和许多不同的人进行性活动是一个人有能力的表现。他的性伙伴越多,表明他的价值越大,他也就越安全。但是,罗洛·梅对此观点却持强烈反对态度。他认为,把性用来服务于安全显然会使性越来越非人化。"非人化的作用是强调没有肉欲的快感,没有亲密的性交,以某种奇怪的性倒错方式否认了所钟爱的对象的情感。恰恰正是我们提出的这种人的自我与人际世界关系感的丧失,才构成了毁灭性的焦虑。"[1]罗洛·梅相信,在这种情况下,人们是难以形成成熟的爱的关系的。因为成熟的爱一方面需要花费时间来发展,另一方面还要包括承担责任和关心对方的利益。成熟的性爱就是这种不断发展、深化的关系中两人之间情感与关怀的自然表现,而不是一种在尚未做好心理准备之前强加于对方的内心体验。当然,罗洛·梅也承认,在现代西方这样一个充满焦虑的世界里,人们是难以吸取这种教训的。人们仍然在用肉欲的性本能和性放

---

[1] May R. Psychology and the Human Dilemma[M]. New York: Norton, 1967.

纵来减少焦虑。这样做虽然有一定作用，但其作用是十分短暂的，其最终结果是增加了人的疏离感和无价值感，反而使人更加焦虑。

纵观罗洛·梅的上述主张，我们相信，罗洛·梅关于焦虑起源的核心观念是人的价值观的丧失。因为一个人的价值观决定着他的行为方式。个体若没有一个恰当的价值观系统，他就会倾向于朝向外部。也就是说，怀有不恰当价值观的个体往往依赖于他们自身之外的事物来指出其生活的意义。例如，社会习俗、同伴的评价、教会的宗教信条、教师的意见以及各种等级评定等。而那些具有正确价值观的个体却知道，他们具有不依赖于外部事物的重要意义，因而能从完全不同的视角来体验这些事物。例如，同伴的评价可能是有价值的，但人不能完全依赖它而获得某种价值感。在罗洛·梅和许多其他存在主义思想家看来，拥有某种成熟的价值观和付诸行动或承诺（commitment）是一致的。成熟的价值观使人不仅能有效地应对当前的事件，而且能考虑别人的情感和价值观，从而形成深刻而有意义的人际关系。成熟的价值观还可以使人成为具有未来倾向的人，它能给人带来希望，使人有充分的理由投身于未来的行动之中。反之，一个没有恰当价值观的人是不可能自由地投身于任何事情的。也就是说，一个人的价值观决定着他的行为方式。

## 性与焦虑

焦虑借以表现自己的一个领域就是在性欲中和对同伴的选择中。性常常被用来服务于安全:这是克服自己的情感冷漠和孤独的最便利的方式。性伙伴使人产生的兴奋不仅是对神经紧张的发泄,而且可以证实人们自己的意义;如果一个人能够在另一个人身上引起这类情感,他便证明他自己是活生生的。

早婚倾向同样经常用于克服焦虑——"在一起"至少能提供一种暂时的安全感和意义感。但是,"在一起"也很容易使人变得空虚和厌烦,特别是当它开始得这样早,年轻人还没有机会形成伙伴兴趣的能力。

## 空虚与孤独：现代人焦虑根源之二

在现代社会中，由于强调竞争和个人理性而把情感和意志分离开来，把人的价值和人生目标分成几个部分，这种人为的分裂使价值观无法整合，破坏了作为价值核心的人格的统一性，进而模糊了人对自己价值和尊严的认识。生活在这样的社会里，个体就会对自己、对他人，甚至对人的本性感到陌生和不可理解。由此而导致人的心理紊乱，其主要后果是：现代人普遍感到生活空虚、无意义，在熙熙攘攘的人生世界中却生活得非常孤独。空虚使人把世界看作是死气沉沉的，空虚也使人与人之间的关系更加疏远。"鸡犬之声相闻，老死不相往来"，这在一定程度上更加剧了人的空虚感。面对现代社会这一严酷的社会与心理现实，罗洛·梅认为，空虚感并不意味着内心空无所有，也不意味着没有表现情感的潜能。相反，空虚的体验源于人对自己力量的渺小和软弱无力感到失望。个体似乎不能按照自己的意愿安排自己的生活，更无法去影响别人，或者改变我们周围的世界。这种无力感使人产生了强烈的失望感和无用感。其结果是，如果我们认为自己的行动不会对他人、对社会产生任何影响，我们就会放弃自己的要求和情感，变得越来越冷漠无情。在罗洛·梅看来，此时最大的危险是，想保护自己以免陷入绝望的企图将使人产生痛苦的焦虑，这样不仅限制了我们的潜能发展，反而会使人向专制和权力投降，人生存在的意义荡然无存。

罗洛·梅还发现，空虚和孤独之间有一种密切的联系。在他看来，当我们尚不清楚我们究竟在追求什么，或者我们的感情究竟应该如何表现时，当我们正处于社会的价值观发生剧烈变动和混乱的时代时，我们常常意识到有某种危险存在，为逃避危险，我们便转向我们周围的人寻求解答。我们之所以会求助于他人，是因为社会教导我们在危急时刻要善于依赖别人，求得问题的解决。然而事实却与此大相径庭，我们越是想和别人建立联系，以便使孤独感得到解脱，我们反而越感到孤独和失望。罗洛·梅在对社会现实的观察和反思中发现，事实上我们许多人需要一直不断地"依赖别人"才会感到安全。这样，我们就不得不和那些并非真的喜欢或值得尊重的人建立联系。因为我们担心，要是我们没有一个"关系相当确定的伙伴"，别人可能会更少对我们正眼相看，社会舆论的力量就会把人压得抬不起头来。其结果是，我们不得不默默地忍受痛苦，并尽力把痛苦减少到最低限度。这样，我们便学会了如何"适应别人"，如何压抑我们自己的个性化和存在感，以维护我们的心理现状。我们渴望安全，但又深受其限制。

为了避免孤独，不使自己感到空虚，现代社会的人们常常设法接受各种活动邀请，或者邀请别人一起聚会或外出游玩。在罗洛·梅看来，我们实际上并不特别想去，而是感到不得不去，因为这样才能使我们不感到孤独，才感到别人接受了我们。从另一个角度讲，我们要想继续追求自己价值的完满实现，我们也必须这样做。只有感到自己被别人接受了，我们才会认为自己是活生生的，才会产生强烈的存在感。但是，这种对接受的强迫性需要在当代西方大学生中的表现却各不相同，有人赞同这种表现方式，有人认为这是一种狂热的个人追求。还有相当一部分人只追求尽可能达到平均的学习成绩，他们既不想过于落后，以免被人瞧不起而感到孤独，又不想过于出人头地，以免取得优良的学习成绩，反而受到别人的冷嘲热讽，同样会陷入孤独。这些人赞美平庸，喜欢表现出平均水平和反理智，认为这样才是最安全的，现代社会很多人推崇"躺平"和"内卷"，大抵属于这类心态所致。对此，罗洛·梅一针见血地指出，这种追求实际上是一些幻觉，它对人格的发展非常有害。虽然表面看来它对人具有一定的安慰作用，但最终的代价却是，我们不得不放弃同一性的存在，我们不得不放弃对自己本性的依赖，甚至放弃那些有可能帮助我们永久克服我们孤独感的事情，也就是不得不限制我们的内在潜能和价值感的发展。

# 人与焦虑的对抗

罗洛·梅把焦虑视为人之存在的本体论结构的主要特征之一，因而焦虑是不可避免的。一个人只要想实现其潜能和价值，就必然会遇到焦虑。然而，焦虑毕竟是一种使人很不愉快的情感，一种令人紧张和忧虑的心理状态。尽管人人都会遇到，但人们总是想方设法地要把它排除掉。罗洛·梅认真分析了神经症患者和正常人应对焦虑的方式，提出了以下以存在本体论为哲学理念基础的应对方式。

## 神经症患者的病态对抗

神经症患者通常是用压抑和禁忌的方式，或其他可以摆脱困境的方式来逃避焦虑的。儿童青少年在面对父母和教师的专制和威权时，不得不把内心的愤怒和不满压抑下去，但却可能会在同伴中发泄出来（如校园欺凌、网络欺凌等），或者随着年龄的增长，这种内心的冲突转化为神经症焦虑，在职业、婚姻等社会生活中表现出来。罗洛·梅把这些手段称为"避免焦虑的消极方法"。实际上，采用这种方式的人是企图通过尽量地忘却自己，尽量地"缩小自己的意识范围"来减少焦虑，消除自己的心理冲突。例如，他们害怕在竞争中失败，因而竭力躲避有竞争的环境和场合；他们感到自己不被别人需要，因而为了避免与人接触，宁愿浪迹天涯。又比如，一个人面对大海，在深感惊奇的同时，又产生一种害怕自己被淹死的恐惧，于是便拒绝去海边或乘船。诸如此类的应对方式都是神经症焦虑的表现。但这种消极的应对方式不仅神经症患者在使用，正常人有时也会采用。例如，正常人往往通过顽固地肯定或认可一套严格制定的规则（不论这种规则是道德的、科学的，还是哲学的、宗教的）来避免焦虑，通过依赖这一套规则来减轻他的焦虑。有时为了盲目地追随这些规则，他甚至会放弃一些自由和责任，不惜牺牲真理。这种人通常极端保守，冥顽不化，犹如一个人在沉船后落入水中，拼命地抱住一块木板垂死挣扎，以为这样就能逃避焦虑，逃避死亡的威胁。罗洛·梅认为这种应对焦虑的方式实际上是不健康的病态的对抗焦虑方式。

**健康的积极主动对抗**

所谓健康的积极主动方式，是指个体在焦虑面前既不逃避，也不墨守成规，而是以建设性的态度勇敢地面对焦虑，把焦虑作为一种"习得的经验",或作为测量人的潜能的一种手段,使他能够正视现实,继续前进。要做到这一点,个体必须要有足够的勇气,要全面地认识到自己的潜能。用罗洛·梅自己的话来说,这依赖于个体从主观上认识到,"在前行中获得的价值观远远大于在逃避中获得的价值观。"[1]也就是说,消极的逃避只能使人丧失自己的价值观,放弃自己的自由和责任;只有勇敢地面对焦虑,在斗争中实现的价值观才是更有价值的。

个体之所以能运用这种方式顺利地与造成焦虑的经验相融合,而没有屈服于焦虑或寻求避开焦虑,是因为如果一个人对某种价值观深信不疑,并决心为保卫这种价值观而不惜作出牺牲,那么,勇敢地面对焦虑时所获得的胜利,其价值远远大于逃避焦虑。因此,在焦虑面前,他能无所畏惧地前进。在罗洛·梅看来,这意味着个体认识到了自己存在的价值。

罗洛·梅还十分强调人的意识在应对焦虑中的作用。这是他在20世纪80年代初对其理论的一种总结。在他看来,如果个体的存在主要是潜意识的,他就不可能认识焦虑的本质,当然也就无法实现其潜能。因此,人的现实存在主要是意识的,我们越是意识到我们的存在,我们就会越自觉和富有创造性,就越能自由地选择我们的计划和达到我们的目标。反过来,一个人有了明确的

---

[1] May R. The Meaning of Anxiety[M]. New York: Ronald Press, 1950.

目标，他就更增加了对自己存在的意识，增加了他对自己潜能的有意识的了解。

在实现自己潜能的过程中我们必然会产生焦虑，而且我们的焦虑又往往限制我们的意识，但为了保护自己免受焦虑之苦，我们往往有意识地运用各种心理防御机制，作为与焦虑斗争的方式。罗洛·梅基本上赞同弗洛伊德提出的那些心理防御机制，对此并未作任何新的发展。他只是认为，这些心理防御机制对于我们避免和自己的存在感发生冲突，推动自我的发展是有利的。例如，当一个人遇到挫折后，升华这种防御机制可以让他将自己内心的痛苦通过艺术创作等合乎社会伦理道德的方式表现出来；抵消则可以在欲望与现实发生矛盾时，以另外一种象征性的事物来缓解矛盾。幽默，也就是自嘲，可以缩短与周围人的距离，帮助自己有效地寻求社会支持。由此不难发现，罗洛·梅是从意识和潜意识的相互作用中看待人的存在的，其中意识又占据着主导地位。这种观点是比较客观合理的，基本符合人类存在的发展现实。最后，罗洛·梅指出，和焦虑作斗争的最终目的是揭示和认识人的存在感，以便使人在自由、健康、有勇气和创造性的存在中生机勃勃地前进，使人充分相信，我们是能够解决自己的生存问题的。

# 第三章 爱的价值与追求

Chapter Three

随着其研究的不断深入，罗洛·梅越来越强调和重视一种观点：创造性的人应该是自由的、负责任的和有社会价值的存在。从20世纪60年代开始，他发表了一系列著作和文章，从而基本上奠定了他的存在主义心理学思想。60年代末，他把自己的研究重点转向了对爱与意志的探讨，并于1969年发表了畅销全美国的《爱与意志》一书。在这本长达30多万字的著作中，他一方面系统地评价了柏拉图（Plato，公元前427—前347）和弗洛伊德这两位学界泰斗的爱欲（Eros）理论，另一方面则根据自己多年的研究实践，以当时美国被称为"愉快野蛮人"的所谓前进派青年为研究对象，阐述了爱的存在主义心理学意义，明确地表达了他对人类的生命力和意向性的信念，并且分析了这些概念在心理治疗中的重要作用。他在这本书中使用的某些术语（如勇气、意向性、生命力、负责任、爱欲等）都带有浓厚的存在主义色彩，使人不由自主地回忆起他的恩师保罗·蒂利希对这些术语的运用，这从一个侧面反映了蒂利希对其思想的长期而深刻的影响。

可以说,此时的罗洛·梅已经成为一名彻底的存在主义心理学家了,他的爱欲理论不可避免地是以存在的本体论为其哲学基础的。他对爱的种类,以及爱与冷漠、与焦虑,甚至与死亡感的关系等的阐述,都为我们理解爱提供了一种存在主义的心理学启示。《爱与意志》一书还从另一个侧面清楚地表明了罗洛·梅十分关注死亡这个存在的终极问题,关注人类存在的悲剧性方面,他专门写了"爱与死"一章来讨论这个问题。正如他自己所说,这是他"发自内心的第一次全面阐述"。该书出版之后,很快便成为美国的畅销书,并被美国大学优等生荣誉学会(Phi Beta Kappa)授予拉尔夫·沃尔多·爱默生奖。

## 爱是一种创造性活力

爱是人类的一个永恒的主题。古往今来,人们一直都在热烈地讨论着这个主题,在社会文化的不同领域中产出了不胜枚举的爱情文章,而现实生活中爱的力量似乎更是随处可见。从来没有考虑过爱的人在世界上大概是没有的。爱,是人类日常生活中俯拾皆是的现象,是人类最深刻的人生体验之一,它和希望、价值、信念等共同构成了人类生存意义的精神支柱。从古希腊时代的柏拉图,到当今世界流行的弗洛伊德学说,都从不同角度对爱的问题作了阐释。而罗洛·梅则是站在存在主义立场上,从心理治疗的角度来探讨爱的问题的。他说,一个女孩子之所以渴望生育,当代美国之所以有那么多的未婚先孕,并非仅仅出于心理和生理的性需要,而是为了冲出沉闷麻木的存在荒漠,让自己的性爱也展现出创造性活力。

早在1939年,罗洛·梅在《咨询的艺术》中就尝试对爱作过探讨。他在分析人类存在的本体论结构时,反对把人类存在的精神性和生物性视为两个不同的世界。他认为,"这实际上不是两个世界的问题，而是同一世界的两个方面。"[①]一方面，人是有意识的，对爱只作生理学的解释（像弗洛伊德那样）显然是不适宜的；另一方面，我们也不能把爱视为完全纯粹抽象的精神体验。

他主张，最明智的办法是把爱的这两个方面（即身体的和精神意识的方面）审慎地结合起来。因为这两个方面在一个人的心理发展中都是必要的。罗洛·梅把这两个方面分为前行和退行，前行就是使爱成为在前面吸引我们的力量，而退行则是使性成为在后面推动我们的力量。把它们归纳到一个整合的、有意向性的基本结构中，这个结构就是许多学者所描述的"爱洛斯"（即爱欲，Eros）。同时，罗洛·梅认为，爱欲的退行方面和弗洛伊德关于性本能之爱的概念相联系，前行方面则和柏拉图的精神之爱的爱欲理论相联系。两者的相关性不是因为它们是对立的，而是因为它们是相互联系的，即性爱与精神之爱的一体两面。

## 爱洛斯：一种退行力量

罗洛·梅的爱欲理论是在扬弃弗洛伊德和柏拉图理论的基础上，以存在主义哲学为指导，并加以改造而形成的。在他看来，这两位大师的学说各自阐述了爱欲理论的一个方面。弗洛伊德探

---

① May R. The Art of Counseling: How to Give and Gain Mental Health[M]. Nashvile: Abingdon-Cokesbury, 1939.

讨的是爱欲的退行方面，即探求爱的生物学意义；而柏拉图探讨的则是爱欲的前行方面，即柏拉图所尊崇的精神之爱。罗洛·梅指出："它们不仅是可以并行不悖的，而且是各占一半，其中每一半对于人的心理发展都是必要的。"[1]

弗洛伊德把性爱或力比多模型看作是每个人身上都具有的一定数量的心理能量。按照弗洛伊德的观点，如果否认了性的表现，这种能量就被认为是受到了压抑，在这种情况下，人往往会通过自我升华（sublimation），从其他方面得到宣泄。例如，人们可以通过艺术创造来宣泄力比多的性本能能量，因为能量是守恒的，将其用于艺术升华就消耗了很多力比多能量。换句话说，人要想获得性的快乐，就要使紧张得到释放，或者使性能量以不同的方式得到表现。在对弗洛伊德的这些观点进行分析时，罗洛·梅指出，弗洛伊德力图把爱还原为力比多，因为力比多是具有一定数量的性能量，其他形式的爱（例如艺术升华、精神之爱等）都是以性欲的表现为目标的，它们都可以被包含在弗洛伊德所运用的物理主义范式之内。

但是，罗洛·梅并不同意弗洛伊德的这些观点。他强烈反对把力比多视为有固定数量的能量，也反对通过丧失一定数量的自恋而使力比多转向一个非自我的对象。这种以消耗力比多的形式

---

[1] May R. Love and Will[M]. New York: Norton, 1969.

来表现的爱，将对爱的最重要价值造成不可避免的破坏。

罗洛·梅对人在坠入爱河时丧失或减少人的存在的神经症恐惧作了分析。他发现，当一个正常的个体爱上某一个人时，一方面，他会由于这种新的感情而感到极度的眩晕和焦虑不安；另一方面，爱恋中的人也会更加肯定和自信，感到自己更有价值。罗洛·梅认为，弗洛伊德只根据从爱的一方那里获得一定量的力比多来取代一个人所耗费的力比多，这是不适宜的。因为在他看来，在爱情活动中，内在价值感的提高并不是从根本上依赖于付出的性本能之爱是否会得到回报。正如注重人际关系的新精神分析学家沙利文所说："我们之所以能够爱别人，是因为我们能够爱自己。假如我们不能尊重自己的话，我们将无法尊重别人或爱别人。"[1]

另一个罗洛·梅进行深入探究的观点是弗洛伊德提出的死本能理论，这是弗洛伊德在20世纪20年代提出的，他把性本能（后改为生本能）和死本能相对立，认为死本能的最终目的是使有机体回归无生命状态。一方面，既然性本能的目标是通过减少或释放紧张来获得快乐，那么，性本能或爱洛斯的一切活动及表现形式最终都将服务于这一目标。而另一方面，死本能不是新的紧张的制造者，而是和爱洛斯的枯竭密切关联，它采用的是与满足本能需要相反的形式，即引入新的紧张。

---

[1] May R. Love and Will[M]. New York: Norton, 1969.

在这一点上，罗洛·梅部分地同意弗洛伊德的观点，认为爱洛斯这种性本能就是为了和避免种族毁灭的死本能相结合，因而这种自我毁灭的死本能和爱洛斯的性本能是相互交织的。在《超越快乐原则》（*Beyond the Pleasure Principle*，1920）一书中，弗洛伊德强调指出，当性本能或力比多在力图最大可能地通过释放紧张而获得快乐时，也最终在进行着自我毁灭。因为爱洛斯（即爱的欲望）在性满足的过程中被消灭了，死本能也就畅行无阻地达到了它的目的。基于这种认识，弗洛伊德才借用和发展了爱洛斯这个概念。弗洛伊德早期并不太认同这个概念，也很少运用它，只是到了20世纪20年代以后才随着其研究的深入而引入这个概念的。罗洛·梅认为，弗洛伊德的爱洛斯不仅比他的力比多更强大，而且在许多方面和力比多也有很大不同。罗洛·梅认为，虽然弗洛伊德的爱洛斯是一个来自背后的推动力量，是一个产生于混乱无序而又不分化的能源的强大生命力，但是，弗洛伊德这一概念的意义却远远超过了对它在文字上的理解或对它的严格运用。在罗洛·梅看来，爱洛斯作为生的本能肯定还包含着某些非理性因素在内，这样一来，控制和训练爱洛斯无论对社会文明的发展还是对人格的形成都具有潜移默化的重要作用。

于是，罗洛·梅发展了弗洛伊德的爱欲观，把爱欲与社会文明的发展联系起来。他认为，弗洛伊德的爱洛斯不仅起源于性本能的能量，而且在经过有意识的训练、控制和升华之后，能成为社会文化生命力及社会发展的基础。因为他相信，如果生命能量或生命力的最终目标只是释放紧张，那么，由此而建立起来的文化或社会文明必然会死亡。因为即使在弗洛伊德的理论中，仅仅释放紧张而不产生新的紧张，只能使死本能取得最后的胜利。意思是说，在需要满足之后，人们会产生新的需要，否则就会失去生命存在价值，人活着就没有意义了。正如罗洛·梅所说："爱欲是一个文化的活力核心——是它的心神与灵魂。当紧张状态的解除取代了创造性的爱欲时，文明的衰弱就将是不可避免的'劫局'了。"[1]显然，罗洛·梅的这种观点是对他以前提出的焦虑理论及其意义的进一步阐述和支持。

在分析了弗洛伊德的这些观点之后，罗洛·梅指出，性欲是一个正在发展中的人格力量的基础，它肯定具有弗洛伊德所说的那些重要性。而且每一种人类所体验到的真正的爱都包含着性爱、友爱与同胞之爱，对科学、艺术及美的热爱。[2]但是，他站在存在主义的立场上强调指出，要是没有人的自由和意识倾向，爱将仍然是一个激进唯我论的、精神分裂的体系。一方面，罗洛·梅十分重视弗洛伊德对人的生物情感的研究，承认这是爱的一个退行方面，它和人的生物本能密切联系着；另一方面，他也认为这种生物情感绝不完全是一种"来自背后的推动力量"，而总是具有一定目标，

---

[1] May R. Love and Will[M]. New York: Norton, 1969.
[2] 梅. 爱与意志[M]. 宏梅, 梁华, 译. 北京: 中国人民大学出版社, 2010.

总是要指向某一内部或外部事物的。

罗洛·梅和弗洛伊德最大的不同在于，他以存在主义哲学为基础，主张人类是基本自由的，人类也能意识到自己的自由。因为人有一种存在感，并且能以象征的方式表现这种感觉。例如，给心爱的人送礼物，使用赞美的语言表达爱意，肯付出时间陪伴对方等。因此，罗洛·梅认为弗洛伊德的爱洛斯概念是不完全的，不能只是把爱视为社会结构中的一种副现象、一种在背后推动人的力量。为了更全面、深刻地说明爱的目的和动机，罗洛·梅便转向了对爱的前行方面的研究，即对爱的目标的研究。在他看来，这与柏拉图提出的精神之爱的爱欲理论有密切关联。

## 爱洛斯：一种前行力量

在爱欲理论的研究中，罗洛·梅对弗洛伊德和柏拉图的观点做了认真比较后指出："弗洛伊德与柏拉图的共同之处在于，两人都相信，爱是人类的一种最基本体验，爱充斥在人类所有的活动中，并且是一种深刻而广泛的动机力量。"[1]但是，弗洛伊德的爱洛斯概念是有一定数量的力比多能量，是一种来自背后的推动力量。在他那里，被爱的人或物是一个通过力比多转换而被赋予

---

[1] 梅.爱与意志[M].宏梅,梁华,译.北京:中国人民大学出版社,2010.

了一定价值的对象。由于弗洛伊德把爱局限于人的生物本能，因此，他的爱洛斯只是一种包含着部分真理在内的痛苦的文明之爱。在罗洛·梅看来，柏拉图的爱洛斯概念可以在一定程度上补充弗洛伊德概念的不足，不像有些学者所说两者是根本不相容的。

我们不妨看看罗洛·梅对柏拉图关于爱的概念是如何理解的。首先，他对古希腊思想中关于爱洛斯概念的三种形式作了区分：爱的第一种形式表现为一种强大的、原始的、创造性的力量；第二种形式是一种朝向理念王国的吸引力；第三种形式表现为一个淘气的、丘比特式的美男子或顽皮的孩子。柏拉图的爱洛斯概念是第二种形式的一个变体，一种精神之爱。

在柏拉图那里，爱是一种具有生命力的、强烈的自我表现形式，是爱洛斯之神赋予人类的一种灵魂的狂迷。例如，爱美之心，人皆有之。但是，当一个人对美的肉体产生了由衷的爱，便对由此而可能造成的难以预测的冲突做好了精神上的准备。处于恋爱中的人，既焦虑不安，又喜悦激动。他常常在幻灭与梦想之中进行斗争。柏拉图认为，爱洛斯之爱的秘密就在于这种斗争之中。一个人的身体和生命的存在是有限的，但人在有限的生命中，总是向往着真、善和美的事物，期望与之合为一体，爱洛斯就是这种美好愿望的具体体现。这种对美好事物的向往和追求，驱使人不断地追求美的模本，然而，所有的模本几乎都是虚幻的。在备尝幻灭的痛苦之后，人们最终才达到对构成事物美的根本认识。

人的精神终于认识到，世间真正的美是一种看不见的美，是一种不断向上攀登的精神之美。人类正是在这种精神之爱的驱策之下不断地创造、发展和完善着自我。

这样看来，柏拉图的爱洛斯不仅是一切事物的创造性驱力或生命力，而且是人类从内部掌握这种创造性的能力，是人类探索自我潜能的一种富有想像力的自由。罗洛·梅把这种形式称为爱洛斯媒介（Eros the mediator），并把它视为向人类提供行为动机的一种前行的力量，是达到目标和实现人的潜能的一种欲望。经过这样的分析，罗洛·梅便把弗洛伊德的爱洛斯概念与生物本能决定论结合起来，而把柏拉图的爱洛斯概念与未来发展和人的行为目标联系起来，并把它同人的自由联系在一起。换句话说，弗洛伊德的爱洛斯是被生物本能决定的，是人类生物演化的结果，因而和过去的因素有关；而柏拉图的爱洛斯则是自由的和有创造力的，因而和未来有关。

既然柏拉图的这种爱洛斯之爱是一种为了达到某一目标而奋斗的力量，那么，它就必然起源于现在而且是指向未来的。罗洛·梅把这种观点和弗洛伊德的观点做了比较后指出，弗洛伊德和柏拉图概念的不同就在于有没有这种倾向性或前进的力量。同时，柏拉图并没有否认人的生物性，他认为人是随着自我的不断成熟和再生成而把这种生物性逐渐结合到爱洛斯中来了，因此，爱洛斯也具有一种两性结合和生儿育女的能力。就是说，柏拉图的爱洛斯是一个包含范畴更广的概念，它既包含身体的创造，也包含灵魂的创造。身体的创造可以产生出有形体的儿童，而灵魂的创造则可以产生诗歌、艺术和法律等。

罗洛·梅非常重视柏拉图的这种创造观，指出在柏拉图的爱洛斯中，这个创造性的力量是"存在状态与成长变化之间的最佳联结点，是把事实与价值连接起来的一座桥梁"。[1]从这个意义上说，爱洛斯也是获得整体性和意义的一种心理活动的欲望。柏拉图的意思显然是指人已经在一定程度上参与到被爱的对象中，并以某种形式了解了被爱的对象，因为人已经受到了这个对象的吸引，柏拉图的爱洛斯是借助于爱来寻求被爱者的一种形式，其目的是想把自己和被爱者结合在一起。

## 爱洛斯的统一：本能之爱与精神之爱的结合

罗洛·梅虽然从弗洛伊德和柏拉图那里汲取了许多他认为有用的观点，但他并不完全赞同他们的看法。在罗洛·梅看来，他们的所谓爱洛斯都不能说明人类之爱的全部经验。弗洛伊德把被爱者当作发泄情欲的对象或手段，而柏拉图则认为被爱者只是美本身的一种反映或进身之阶。罗洛·梅将二人的观点视为人的正

---

[1] 梅.爱与意志[M].宏梅,梁华,译.北京:中国人民大学出版社,2010.

常存在所必须加以整合的两个方面。他曾用一位女病人的病例来证实这两个方面之间的相互联系。

这位年近30岁的女病人因为自发性障碍,长期对性毫无感觉,因而来找罗洛·梅进行治疗。她成长于一个地位很高的美国上流社会家庭中,从小就受到严格而刻板的家庭教育。她的母亲有受虐狂倾向,父亲非常威严,她还有三个刻板的哥哥。因为刻板、严肃的家庭教育,她形成的是柏拉图所谓的精神爱欲观,对性爱却基本上没有什么感觉。但在现实社会中,她又是个活生生的人,强烈希望获得情感的自由和自发性。这种来自两个方面的矛盾心态,使她一方面需要得到肉体的爱,另一方面又极力排斥这种单纯的肉体之爱。

她向罗洛·梅倾诉说,前一天晚上她突然有一种想要与丈夫调情的冲动,在这种心情下,她要求她丈夫伸手到她衣服里,把一只小虫子或任何其他使她感到痒痒的东西抓出来。当天晚上的晚些时候,当她在桌前写罗洛·梅给她布置的自我检查作业时,她的丈夫从后面突然抱住她。这时她因为受到干扰而大为恼火,就用手中的笔狠狠地在丈夫脸上划了一道,这种矛盾的情绪状态彻底葬送了她和丈夫的良宵。

当她在向罗洛·梅讲述这件事时,她马上对她的愤怒作出解释,说自己之所以这么生气,是因为小时候无论她在做什么,她的哥哥们总是要来使唤或作弄她。罗洛·梅在分析这个案例时,指出这个女病人身上的这种自相矛盾：表面上她是在寻求与丈夫建立真正的爱情关系，但实际上她的所作所为却恰恰相反。她一只手将丈夫拉近她的身旁，但很快又用另一只手把丈夫推开。在治疗过程中罗洛·梅发现，当这位女病人在刻板的理性状态下时会出现感情麻痹，毫无性感觉，此时若有其他事物干扰，她就会大发雷霆。在治疗中，她有时也会因罗洛·梅的提问而愤怒发火。罗洛·梅帮助她回顾了童年时期她在严肃刻板的家庭氛围中所遭受的创伤，并指导她努力在实际生活中加以改善，她开始学会自由地体验和表达自己的愤怒、性欲和其他感情了。正是在这个病例中，罗洛·梅得出结论认为，"爱洛斯的统一"就体现为爱的前行和退行两方面，这两个方面的结合也就是弗洛伊德和柏拉图观点之间的联系点。因为爱的情感并不仅仅是一种来自后方的推动力，它同时也是指向某种东西的吸引力量，是形成某种东西的动力，是塑造某种情感的召唤。

经过几次治疗之后，这位女病人开始对自己的问题产生某些重要的领悟。她在对那天晚上自己的矛盾行为进行分析时发现，这种既爱又恨的矛盾情感源自她对其丈夫和一般男人的愤怒。她之所以会作出这种矛盾的行为，是为了证明男人都是坏人，但她又离不开这些男人。她小时候家里有威严的父亲，有三个理性刻板的哥哥，这些都假定了男人具有权威形象，在治疗中她甚至把罗洛·梅也视为这种权威。经过罗洛·梅的多次治疗，她对家庭责任的看法发生了很大改变,她已不再把责任视为来自家庭之外的期待和自己消极被动的接受,而把它视为自己的主动责任。此时她明白了,责任还包括她对未来家庭生活的选择,她的自我开始选择和进入新的生活方式。只有当病人真正明白了导致疾病的原因(过去的影响)和目的(未来的召唤)时,她才能把本能之爱和精神之爱结合起来,以恍然大悟的形式获得心理康复。

## 性与爱的整合

在20世纪60年代罗洛·梅主编的《存在主义心理学》的第一篇论文中,他第一次对爱做了分类。不过,当时他所关注的并不是爱本身,而是在治疗时间之内治疗师与病人之间的关系。他简要地提出爱是医患双方的一种交往,它表现为四种不同的交往层次:

(1)爱是一个人对另一个人的反应,这种反应的目的是减轻人的孤独感;

(2)爱是朋友之间的信任和关心;

(3)爱是一种欲望或身体的吸引(罗洛·梅认为,这一水平在治疗中虽未表现出来,但它可以成为一个导致将来发生变化的动力源);

(4)爱是一个人对另一个人的尊重,或关心他人胜过关心自我,这是爱的付出。

然而,罗洛·梅当时并没有对他所设想的这些交往层次作详细分析,更没有进行实证研究,而只是认为,所有这四种层次在心理治疗中共同构成了一种本真的(authentic)关系,一种人际之间完整的交往。

在《心理治疗的现象学研究》("A Phenomenological Research of Psychotherapy")一文中,他又对爱的这四种水平做了进一步说明,并强调爱确实与心理治疗中医患双方的交往有关,认为对人际关系的理解是治疗交往的基础。如果只根据爱的驱力而过分简单地看待交往,并不能全面地把双方共同存在和关心对方的完整内涵包括进来。在这里,罗洛·梅特别强调了第四种层次的爱。他确信,病人之所以向心理治疗师咨询,是因为他需要治疗师提供帮助,以此来对付困难重重的自我世界中的各种关系,同时为了保持他的核心,病人又必须肯定他的自我和世界。

针对这种情况,罗洛·梅指出,在治疗交往中只对症状进行基于事实的、科学的解释或忠告是不能从根本上解决问题的。为了帮助病人进行治疗交往,就首先需要在医患之间建立一种完整的爱的关系。在50分钟的治疗时间内,治疗师必须能够在某种程度上体验到患者内心正在体验的东西,例如,观察到患者是否在看着治疗师,是否非常急切地倾诉和倾听。治疗师把自己的世界向患者的世界开放,使两个人的内心世界结合起来,从而建立起一种相互信任的爱的关系。这种关系是在与对方的不同交往层次上建立起来的。罗洛·梅在重述了这四种交往层次之后强调指出,其中第四种层次就是对对方的尊重或爱的付出,此时他开始称之为"博爱"(agape)。在罗洛·梅看来,这种"博爱并不是爱欲的升华，而是对他人表现出持久的温情和关心时的一种爱欲的超越，正是这种超越才向爱洛斯本身提供了更全面更持久的意义"。[①]

显然，罗洛·梅在早期就已经把关于爱的思想扩展到包含不止一种有限的、个人的含义。他把性与爱统合起来，视为心灵的一种健康整合。尽管在撰写《爱与意志》之前，他对爱的任何方面的论述还是十分简单的，但他的早期作品已经为爱的存在观奠定了基础。概括地说，这就是爱者应该在被爱者的存在中感受到自我的存在，在被爱者的价值中发现自我的价值。到他写作《爱与意志》一书时，爱成为罗洛·梅所关心的一个核心主题，他对爱做了全面和系统的探讨，也对爱做了新的分类。在这本书里，罗洛·梅明确指出："人类每一种真正的爱的体验都是这四种爱的不同比例的混合。"[②]这四种爱是：

（1）性爱或力比多之爱；

（2）爱洛斯（爱欲）之爱，即生殖的、创造的驱力；

（3）菲利亚之爱，即兄弟般的爱或友情之爱；

（4）博爱，旨在使他人感到幸福的爱。

下面我们就来看看罗洛·梅是怎样论述这四种爱的。

---

[①] May R. Psychology and the Human Dilemma[M]. New York: Norton, 1967.
[②] May R. Love and Will[M]. New York: Norton, 1969.

## 性爱或力比多之爱（sexual or libido love）

爱显然不仅仅表现为性，但性是爱的一种表现形式。罗洛·梅认为，性是我们的生物驱力和功能之一，"它可以通过性交活动或某些其他方式的性紧张的释放而使人得到满足。尽管它在现代西方社会已变得十分廉价了，但它仍然保持着生殖的力量，使种族永世长存，它是人类最强烈的欢乐和最深刻焦虑的直接根源。"[1]

罗洛·梅相信，在古代，性被认为是理所当然的，就像吃饭可以填补饥饿一样，性交和吃饭几乎都是由某种需要引起的自主活动，都需要有一个能使其得到满足的对象。"性可以相当恰当地用生理学的术语来界定，这些生理学术语是由导致身体紧张及其释放的东西组成的。"[2]但是，不幸的是，在现代社会生活中，许多人都把性等同于爱，性的泛滥已成为一种严重的社会问题。在19世纪的欧洲维多利亚时代，人们对性的感觉普遍持否认态度，性不是所谓有教养的上层人士应该交谈的话题。进入20世纪后，便出现了对这种性压抑的反抗。从20世纪20年代开始，性突然变得公开了。正如罗洛·梅所指出的，我们从拥有性就会产生罪疚和焦虑的时代，例如维多利亚时代对性的所谓禁忌，转向了若没有性就会产生罪疚和焦虑的时代，例如性解放之后的欧美社会。

[1] May R. Love and Will[M]. New York: Norton, 1969.
[2] May R. Love and Will[M]. New York: Norton, 1969.

## 爱洛斯（或爱欲，Eros）之爱

爱洛斯之爱追求的是与另一个人建立持久的婚姻关系，其目标是通过性来达到满足和放松。正因为如此，在我们的社会里，人们常常把爱洛斯之爱与单纯的性爱相混淆。实际上，性爱只是一种生理的需要，它旨在寻求通过性本能紧张的释放而得到满足；而爱洛斯之爱则是一种心理的欲望，它是通过与被爱者保持某种合一的存在关系而获得繁殖与创造。

在对性爱与爱洛斯之爱的比较中，罗洛·梅写道："爱洛斯展开人类想象力的翅膀，并永久地超越所有的技术之上，嘲笑所有那些'谈论怎样才能'的书籍，快乐地飞向我们的机械规则之上的运行轨道，做爱而不是受器官的操纵……爱洛斯是寻求和另一个人进行愉快和充满激情的结合，旨在产生一种新的经验维度，这种经验能扩展和深化两个人的存在状态。它是共同的体验，是有民间传说（民俗学）支持的，也是弗洛伊德和其他人所表明过的，即在性释放之后，我们总是想去睡觉或者如笑话所说，应该穿上衣服回家了，然后再睡一大觉。但在爱洛斯那里，我们的要求则适得其反，即保持醒觉地思念着心爱的人……正是这种渴望与伴侣相结合的欲望，才构成了人类温情的现状。因为爱洛斯——不是指那种性爱——是温情的根源。爱洛斯是渴望建立结合，建立一种全面的关系……产生的是一种分享，它是一种新的格式塔，一种新的存在状态,一个新的磁力场。"[1]

显然,这种爱洛斯之爱应该是建立在关怀与温情基础之上的。一个人寻求建立与他人的永久结合,这样,双方都能体验到快乐和激情,双方都能通过这种体验而得到发展和深化。爱洛斯就是这样一种爱,它能把两个人合为一体,组成一种持久的关系,例如婚姻关系。就整个人类而言,这种关系是为了维护人类物种的生存而建立起来的;而对相爱的人来说,这种关系只能是两人的肉体和精神合为一体的存在关系,在一夫一妻制的现代社会,这两人之外的任何人的插足无疑都是多余的,都是社会道德和法律所不允许的。这样一来,与他人互相谦让的传统道德标准便同与他人合一的爱洛斯之爱发生了冲突。这表明爱洛斯之爱既是和睦与合一,又是嫉恨与争斗的根源。为了爱就必然要争斗,这就是爱洛斯之爱的本质属性之一。另一方面,不仅爱洛斯使我们寻求一种在性体验情境内的温情的创造性的关系,而且它也为人类寻求这样一种与世界以及与一般意义上的人的关系而负责。爱洛斯是人类试图寻求建立我们所有经验中的完整性和相互关系的一种驱力,因此,寻求建立性关系只是爱洛斯的一种表现而已。

---

[1] May R. Love and Will[M]. New York: Norton, 1969.

## 菲利亚（philia）之爱

菲利亚之爱是西方传统中的第三种爱，它源自古希腊的亚里士多德，指两个人之间形成的一种亲密的但非性欲的关系，这就是日常所谓的友谊或兄弟般的爱。在罗洛·梅看来，虽然爱洛斯是对性的一种拯救，但它却是建立在菲利亚基础之上的。无论爱洛斯如何能左右人的存在冲动，它却不是人类唯一的、决定性的爱。其实，亚里士多德早就说过，"对具有理性的人的生活来说，最有必要的是作为友情的爱"。若没有菲利亚之爱，爱洛斯之爱就不可能持续长久。对此，罗洛·梅的解释是，"菲利亚之爱是面对所喜爱的人时的一种放松，能把对方的存在当作存在来接受；它意味着喜欢和另一个人在一起，喜欢和另一个人一起休息，喜欢其走路和说话声音的节律，喜欢另一个人的完整存在。这样便向爱洛斯提供了一块宽阔的地方，给它留出了成长的时间，即把根扎得更深的时间。菲利亚之爱并不要求我们为所爱的人做任何事情，而只是接受他，使他感到高兴。用最简单、最直接的术语来说，这就是友谊。"[①]

前文述及，罗洛·梅曾深受沙利文影响。沙利文提倡人际关系学说，认为青春前期是发展人际关系的重要阶段。该发展阶段

---

① May R. Love and Will[M]. New York: Norton, 1969.

的特点是需要一个好朋友，一个或多或少与自己一样的人。按照沙利文的观点，好朋友之间的友谊或菲利亚之爱在青春初期和后期是健康的性爱关系的必要条件。罗洛·梅显然同意这种观点。他认为只有菲利亚之爱才使爱洛斯之爱成为可能。要使真正的友谊逐渐放松地发展起来，就必须把菲利亚之爱作为保持两人之间持久合一的前提条件。因此，对于一种深沉的爱情关系来说，伴侣除了寻求两人之间的创造性统一之外，还必须真正地把对方当作和自己一样的人来相亲相爱。能够对其伴侣发自肺腑地说，"我喜欢你"，这才构成了真诚的爱的重要基础。显然，这种菲利亚之爱是不可能即刻获得的，它需要人们花费时间去培养、去发展，将其植根于沃土之中。

## 博爱（agape）

正如爱洛斯之爱要建立在菲利亚之爱基础上一样，菲利亚之爱也必须建立在博爱的基础之上。罗洛·梅把博爱定义为"对他人的尊重，对他人健康的关注，它超越了一个人所能从中获取的任何索取。这是一种无私的爱"[1]。比如母猫拼死保护它的小猫，或者人类爱自己的孩子，而不太考虑孩子能为自己做点什么。

---

[1] May R. Love and Will[M]. New York: Norton, 1969.

因此，博爱是一种利他主义的爱，是一种精神上的爱。它是把一个人的自我无私地奉献给另一个人，自觉自愿地作出自我牺牲而不考虑他能得到什么回报。从这个意义上说，这个博爱概念非常接近于卡尔·罗杰斯所谓"无条件的积极关注"。即治疗师在治疗中对来访者给予深厚、真诚的关怀和接纳，不对来访者的情感、思想和行为进行好或坏的评价，使来访者自由地产生情感和体验而不必担心得不到别人的接纳。这种无条件的积极关注使来访者真正地表达自己内心隐藏的情感和被压抑的体验，进而重新考察自我，发现和接受那个真实的自我，提高自己的适应程度，使人格获得成长。在"博爱"和"无条件的积极关注"这两个概念中，提供给对方的爱都是没有条件的。

现代社会有一种非常不幸的倾向，就是把爱和性完全等同。对此，罗洛·梅的看法是，真诚的爱必须首先包括一种性的混合，一种生物学上的爱；其次要包括爱洛斯之爱，旨在寻求与被爱者的创造性统一，实现两个自我的分享与结合；作为菲利亚之爱的友谊则是不包含性和爱洛斯在内的一种友情和亲情；而博爱则是对他人的一种无私的关注。只有把这四种成分有机地结合起来，才能构成健康的爱。它追求性欲的满足，渴望持久的结合，建立真正的友谊关系和对他人的健康付出无私的关注。遗憾的是，这种真诚健康的爱是相当难以获得的。它一方面要求自我肯定和自我主张，"同时它也要求温情，对他人加以肯定，尽可能地放弃竞争，经常为了被爱者的利益而自我克制，以及保持仁慈和宽恕这种古代西方的传统道德。"[1]这样的爱是无条件的，而且需要我们付出巨大的，甚至毕生的努力。

——

通过以上分析，我们可以发现，在《爱与意志》中，罗洛·梅打破了他早期对爱的分类和简单说明，而最终全面主张爱也是本体论的，是人类存在的一个基本的、明确的结构，而且是一种极端的结构，它能够使人的参与活动和个体的自主性重新结合起来或相互分离。因为爱也是具有两面性的。一方面，爱是人类幸福的全部根源，是生命本身的动力，是构成人与人之间关系和人类创造性的基础；另一方面，爱也是人类焦虑的一个根源，是邪恶与仇恨的导火索。由爱生恨，由爱而引发的民族或种族冲突甚至战争，在古代社会中不胜枚举。

现在我们来进一步分析一下在罗洛·梅的这个爱欲理论中所包含的人际之间的爱以及与人际交往水平有关的性质问题。健康真诚的爱使人渴望建立一种统一的全面的关系。正是在这种强烈的渴望中，爱才使人实现了个性化，也正是这种渴望才能克服存

---

[1] May R. Freedom and Destiny[M]. New York: Norton, 1981.

在的分离，使爱成为一种人际之间正常的关系。在这种关系中，每个人都在重新肯定对方的存在，而同时又保持着完全的自我核心与个体性，这就是罗洛·梅所一再强调的创造性参与。罗洛·梅相信，形成这种创造性参与才是爱的真谛。

现代人对性爱的过分强调是想要求它来承担我们全部的关心。然而，这种过分强调却带来了新的心理问题，它绝不亚于弗洛伊德时代的性压抑所造成的问题。因为它企图把爱还原为一个具有专门功能的机制，其最终结果是把对方还原为一个性欲发泄的对象。不仅如此，如果仅仅承认爱洛斯之爱，那就意味着赞成弗洛伊德的主张，把性爱视为释放紧张的需要，而否认了人的自我实现和在一个存在的统一体中的对方的自我实现。罗洛·梅认为，造成现代社会人欲横流的根本原因是，由于现代社会给人带来的生活压力和焦虑，使人在深感价值观丧失、深感空虚和孤独之时，不得不把爱缩减为只关注爱的某一方面，即关注如何使人逃避到所谓"性的肉欲"中，使人获得一种暂时的舒适、紧张释放和焦虑的解脱。但是，这样做的结果却最终导致了精神的毁灭，使人在肉欲之爱中屈服于对方的控制，丧失了人的独立性。实际上，这只是赤裸裸的肉欲，根本就不是健康正常的人类之爱，它只能造成存在的减少甚至丧失。

## 什么是爱

真诚的爱是四种爱的不同比例的混合：性爱、爱洛斯之爱、菲利亚之爱和博爱。

性爱与爱洛斯之爱都包含性的成分。相较而言，性爱只是一种生理的需要，而爱洛斯之爱则是一种心理的欲望，寻求与被爱者的创造性统一，实现两个自我的分享与结合。在这种两人的肉体和精神合为一体的存在关系中，这两人之外的任何人的插足无疑都是多余的，这表明爱洛斯之爱既是和睦与合一，又是嫉恨与争斗的根源。

菲利亚之爱指的是两个人之间形成的一种亲密但非性欲的关系，是面对所喜爱的人时的一种放松，意味着喜欢和另一个人在一起，喜欢和另一个人一起休息，喜欢其走路和说话声音的节律，喜欢另一个人的完整存在。若没有菲利亚之爱，爱洛斯之爱就不可能持续长久。

博爱指的是对他人的尊重，对他人无私的关注，它超越了一个人所能从中获得的任何索取。正如爱洛斯之爱要建立在菲利亚之爱基础上一样，菲利亚之爱也必须建立在博爱的基础之上。

只有把这四种成分有机地结合起来，才能构成健康的爱。它追求性欲的满足，渴望持久的结合，建立真正的友谊关系和对他人的健康付出无私的关注。

## 爱蕴含着大量的死亡感

既然人类真正的爱是朝向人类潜能实现的一种重要欲望，而这一过程的实现又不是轻而易举的，那么，爱就必然和死亡及焦虑有着不可分割的联系。在《爱与意志》一书中，罗洛·梅用一章的篇幅专门论述了爱与死亡感的关系。他明确指出："爱不仅蕴含着大量的死亡感，而且最终将被它取代。"[1]

为什么会出现这种情况呢？罗洛·梅认为，我们现在正面临着爱的一个最深刻的、最有意义的悖论，这就是人类的爱在进行创造的同时，也在进行着毁灭。也就是说，把人的存在向另一个人开放具有两种相反的性质。其积极方面是使人意识到人终有一死，它可以从反面强化我们对爱的渴望，有利于促进自我潜能和对方潜能的实现；其消极方面则是要冒着丧失满足感的危险，改变或者背离人的欲望，甚至丧失所爱的人，从而增强了我们的焦虑。在把自己向新的爱欲体验开放时，人们同时也在向失望、发

---

[1] May R. Love and Will[M]. New York: Norton, 1969.

生事故、不完善和幻灭的危险开放。罗洛·梅非常明确地表述了爱的这种性质相反的矛盾体验,"当我在爱的时候,我便放弃了自我核心。我们从以前的存在状态被抛入到一团非存在之中。尽管我们希望获得一个新的世界,一种新的存在,然而,我们却没有任何把握。"[1]人们在爱的同时,深刻地体验到自己的脆弱,不得不承认自己终有一死。这种强烈的死亡意识使我们对爱更加珍惜。罗洛·梅曾诊治过一位性冷淡的女病人,这个病人向罗洛·梅讲述了她做的一个梦。在梦中她第一次体验到自己是个女人,接着在同一个梦中,她又奇怪地相信自己将要跳入河中淹死。这个梦使她十分焦虑。那天晚上在性交时,她平生第一次达到了高潮。这个案例鲜明地阐明了性行为与死亡的关系,因为性高潮往往被象征性地描述为死亡与再生。

另外,罗洛·梅也非常赞同马斯洛的观点,倘若我们确实知道自己永远不死的话,我们就不可能热烈地去爱一切。死亡感加深了人们对爱的渴望,爱与死亡的相互交织则使人备感焦虑和痛苦。为了使爱在生命的存在中变得更有意义,人们必须在爱恋中增加一个保护性的成分,这就是勇敢的自我肯定。爱的意义和深度只有在这种勇敢的自我肯定中才能增长,否则就会在焦虑和丧失勇气中窒息。例如,那些暂时专注于性欲之爱的人,就是由于充满

---

[1] May R. Love and Will[M]. New York: Norton, 1969.

了死亡的焦虑，而又不能充分肯定自我才这样做的，现实社会中那些追求对酒当歌、醉生梦死的人，就是以压抑死亡的意识为基础的。

正是在这一点上，罗洛·梅才特别使用了本体论一词，也就是把爱和人的存在本质联系了起来。在这里他把爱的两种极端情况描述为分离和重新统一。爱就需要有一种强烈的存在感，它从心理内部影响着人的时间概念。也就是说，人在爱欲中意识到死亡的不可避免时，就会更感到爱的珍贵。这样，在爱的过程中就总是伴随着焦虑。这也证明了爱与焦虑的不可分离性。爱并不是永存的，这种存在与非存在的冲突不可能不包含着焦虑。为了纯粹的感官享受和肉欲满足，为了暂时摆脱焦虑而迷恋于低级的生物之爱，便失去了人类之爱的真实意义。我们在前面说过，罗洛·梅的理论是以本体论为基础的。正是在这一基础上，他的理论才能把爱作为存在本体论的概念而整合进来。也正是以此为基础，罗洛·梅才热切地呼唤着健康的人类之爱，呼唤着真诚的爱的回归，渴盼着现代人从爱的误区中走出来。还是以此为基础，罗洛·梅才引入了死亡感的概念。死亡感不仅丰富和促进了爱，而且最终将取而代之。这是自然的规律，凡人概莫能外。

罗洛·梅认为，真正的爱既不是反复无常的，也不是自动的，而是一种有方向的变化或成长（becoming），一种自由与命运的整合。其目的是把"我们是什么"和"我们感到我们能成为什么"，或者"想成为什么""应该成为什么"等整合起来。那么，按照罗洛·梅的这种主张，奉献自己的爱就是把自己的内部存在向对方敞开，和对方共享我的世界和他的世界，并在这种共享中一起成长。由此可见，要想理解罗洛·梅关于爱的心理学思想，就必须在一种完整的本体论结构中才能做到。我们不能机械地把他对爱的理解和他对爱与存在感之间关系的论述分开，也不能把爱是实现潜能的创造性活力的看法和爱最终要被死亡所取代的观点分开。因为人的存在是一个完整统一的整体。

# 第四章　寻求健康人格

Chapter Four

从人格心理学的视角来看，罗洛·梅的存在主义心理学也是一种人格心理学。他在从事心理咨询和治疗的初期，就把人格定义为"与社会整合且具有宗教紧张的自由的、独特的个性生活过程的实现"[1]。他从自己的生活体验以及当时美国社会的现实中看到了现代人面临的人格困境。随着研究的深入，他进一步阐释和完善其人格心理学思想，形成了一种以寻求健康人格为主旨的存在心理学的人格理论。

---

[1] 杨广学.心理治疗体系研究[M].长春：吉林人民出版社,2003.

# 人格危机源自何方

罗洛·梅虽然是个心理咨询师和心理治疗学家，但同时也是一个很有思想建构精神的理论家。他在长期的心理咨询和治疗实践中，发现许多人的心理疾病都和人格有关，现代人正面临着严重的人格危机。他毕生都十分关注对人格问题的研究，他的存在主义心理学的人格理论也被西方人格心理学的有关著作认定为人格心理学的主要流派之一。

1937年和1938年夏天，在美国北卡罗莱纳州和阿肯色州的卫理公会主教派教会举办的有关会议上，罗洛·梅给从事学生心理咨询的有关人员作了题为"咨询与人格适应"的演讲，提出了他最初的人格心理学思想。后来，他把这篇演讲稿改写成了他的第一本著作《咨询的艺术》。在这本书里，有三分之二的篇幅谈论的是人格问题，从此也形成了他对人格问题的最初兴趣和基本轮廓。

我们发现，他在20世纪50年代以前的早期理论中就曾不止一次地探讨过人格的形成及其变化过程，并对人格的发展阶段提出了自己的看法。到50年代，他初步确立了他的存在主义心理治疗的思想。此后，他便根据存在主义心理治疗的观点，提出了健康人格的标准：成为一个能创造性地提升自己存在价值和意义的人，形成具有创造性、勇气、自由、爱与意志等能力的完整人格，能建设性地面对死亡、孤独、焦虑和空虚等。尽管罗洛·梅也承认，没有人能够完美地全部拥有这些人格特征，但可以将其作为健康人格的目标，使人类生活具有意义，使智慧的人有可以遵循的生活标准。

## 乔治·B.的案例

罗洛·梅是从心理咨询和心理治疗的角度来看待人格问题的。他在从事心理咨询之初就明确指出："对于那些具有适当的气质和受过适当训练的治疗师来说，存在着一个特殊的范围，即当今许多人急切需要某种帮助，而这种帮助又不是任何名牌专业[①]所能提供的。具体地说，如果一个人身体有了病，那么，他就需要一位医生；如果一个人生的病是一种人格不适，是由于身体和心理的原因引起的，那么，他就需要一位精神病学家（一个专门治疗精神疾患，也受过心理治疗训练的医生）；如果一个人遭受的是人

---

[①] 名牌专业指高校开设的、在学术界比较有影响力的专业课程。但因为专业课程都是有专业针对性的，不可能"包治百病"，因此某一门专业课程无法给所有需要帮助的人提供帮助。

格问题的痛苦，那是心理上的问题，不是由任何身体原因引起的，那么，他就需要一位进行咨询的心理学家或'非医学的'心理治疗学家。"[1]显然，人格之所以出现问题，是由于人的心理出了问题，产生了人格不适。那么，对这类人格问题，罗洛·梅是如何分析和治疗的呢？我们不妨从他引用的一个病例作为例证，来展示他对人格问题的初步看法。

罗洛·梅把这位病人称为乔治·B.（George B.）。他是一位体格健壮、身材高大且非常英俊的大学二年级学生。他来寻求治疗的原因是对大学生活感到不愉快，甚至考虑要退学。他的表现是越来越难以集中精力学习，心里总有一种莫名其妙的紧张。他以前在体育教育系学习，现在转学自由艺术，原因是他认为体育教育系系风不正。他还特别厌恶地提到，在系里组织的一次远足活动中，他所在的小队中一位带队教练喝啤酒的事情。为此乔治还写了文章专门批评此事。

在友谊与交往方面，乔治的表现也很糟糕。他感到自己在学校里很孤独，他对同寝室里的另一位大学一年级学生很不喜欢，甚至对这位室友每天晚上花很长时间整理他的床铺也感到恼怒不已，恨不得每天打他一顿，强迫他改变这种习惯。在与异性交往方面，他当时正和学校里一位非常迷人而又有点名气的姑娘谈恋爱，但乔

---

[1] May R. The Art of Counseling: How to Give and Gain Mental Health[M]. Nashvile: Abingdon-Cokesbury, 1939.

治总觉得她太轻浮，总想把她改造得能对严肃的事情更感兴趣些。

来咨询之前，他的情况更加糟糕。人格方面的心理问题愈益突显，心理紧张越来越强烈，白天无法集中精力学习，夜晚则难以入睡，心境也发生了剧烈变化。从一个意气风发的学生，变成了陷入深深的抑郁和孤独之中的人，身体状况每况愈下。学校一位负责心理健康事务的官员甚至劝他休学，进行全面休养。乔治就是在这种情况下来寻求心理治疗的。

罗洛·梅认为，乔治实际上正经历着其人格发展中的一场危机。其外部表现虽然都是些微不足道的小事，但却表明其心理内部发生了许多更严重的事情。因此，劝他休学是不可能从根本上解决问题的。治疗师也不能通过逻辑推理来解决他的心理问题，因为这样反而有可能强化乔治的偏见。罗洛·梅主张，"治疗师要想在这种情况下起帮助作用，就必须对病人有更深刻的心理学理解。"[①]

那么，罗洛·梅是如何用人格心理学的观点来理解和分析乔治·B.的病状的呢？首先，他了解了乔治的家庭情况，这也是精神分析学派常用的还原方法。乔治出生在一个农夫家庭，他排行第二，上面还有一个姐姐。他的家庭非常看重宗教和伦理道德方面的事情。他的姐姐在他之前进入同一所大学，而且成绩相当优秀。

---

① May R. The Art of Counseling: How to Give and Gain Mental Health[M]. Nashvile: Abingdon-Cokesbury, 1939.

其次，罗洛·梅分析了乔治的人格特点，发现他有非常强烈的野心，总想控制别人。例如，控制他的室友，他的恋爱中的姑娘，甚至他的大学老师等。罗洛·梅认为，这可能和他的健壮体格有关。第三，把他的野心、体格与排行联系起来就会发现，出生在后的孩子经常表现出某种野心，从小就力求赶上和超过他们的哥哥姐姐。这对于紧跟在一个女孩后面出生的男孩来说尤其如此。罗洛·梅认为，这种野心实际上常常和某种自卑感（sense of inferior）有密切关联。罗洛·梅借用阿德勒的观点，认为自卑的人也有追求优越的心理潜能。由于自卑，一个人要么通过改变自卑实现优越，要么通过强迫别人遵从他的标准而使自己变得优越起来。正是在这种自卑感的驱使下，乔治先是在体育教育系学习，希望以强壮的身体而在体育上超过别人。但他学习成绩中等，又不能与别人进行成功的合作，于是便把这种控制别人的野心转向了道德方面，其最初表现就是批评带队教练好喝啤酒，此后又发展到试图控制同寝室的室友和恋爱中的姑娘，甚至想控制学校中的宗教活动，而且在控制别人方面也确实获得了小小的成功。然而，这些成功却使他更加反社会，使他和群体更加分离，他的人格问题变得更加严重。罗洛·梅认为，"在他的人格中，自卑感和夸张的野心之间的紧张当然不可能使他获得幸福而有创造性的生活。"[①]

---

[①] May R. The Art of Counseling: How to Give and Gain Mental Health[M]. Nashvile: Abingdon-Cokesbury, 1939.

从罗洛·梅对乔治病例的分析，我们可以清楚地发现精神分析学派的阿德勒学说的影响，例如自卑感、出生顺序、追求优越等。联想到罗洛·梅是在欧洲教学和游历时，由于结识了阿德勒并参加了阿德勒暑期研讨班的训练而开始心理咨询工作的，他的初期思想中具有阿德勒学说的影响也就不足为奇了。在对乔治的病例做了分析之后，罗洛·梅是如何进行针对性治疗的呢？

一开始，罗洛·梅循序渐进地指出乔治人格中的那些消极方面，如自私和野心，企图控制别人的欲望等。但乔治最初并不理解，而是认为他"爱"所有的人，希望改造他们，这样做完全是为他们着想。尽管当时他口头上不承认罗洛·梅的分析，但他的内心却在经受着痛苦的煎熬。

在心理治疗中，罗洛·梅帮助乔治将其人格中的错误与这种痛苦的内心体验联系起来，使其把想要控制别人的恶性循环变成一种建设性的循环，寻找实现其野心的建设性方法。例如，他担任了学校宗教协会的领导工作（后来又退出了），组织了他自己的房屋设计小组等。在这些活动中，他经受了一些挫折，但同时也获得了社会的某些认可。与此同时，他的自卑感开始减轻，控制别人的野心也不那么强烈了，尽管他为重新适应社会而产生了强烈的内心痛苦。罗洛·梅认为，"这是一种从自我中心向对社会有建设性的生活态度再生的剧痛"。[1]经历了这种剧痛之后的乔治获得了心灵的再生。他被选为校基督教协会的主席,只是有时还不够稳定而且性情多变。他和女朋友的恋爱关系已无法挽回,对此他虽然感到痛苦,但并未退回到以前的那种道德孤立境地。他的努力也获得了学校的认可,后来他被选入校学生会,成为一名出色的学生领导者。

**创造性紧张**

通过对以上乔治·B.案例的分析,我们发现,罗洛·梅最初的心理咨询方式基本上是精神分析式的。因为他当时认为,人格问题的根源是对人格内部的心理紧张产生了不良适应,这和弗洛伊德的观点是基本一致的。只是弗洛伊德把这种紧张视为由于性本能未得到满足而产生的,而罗洛·梅则认为,这种心理紧张是由于人格不适应而产生的。例如,在乔治的案例中,他一方面表现出过分自我中心的野心,力图控制别人,另一方面他又有非常微弱的社会兴趣,只是不能很好地与别人合作,因而导致其人格紧张愈发强烈。罗洛·梅认为,只有对这种人格内部的紧张进行重新调整,使之能在外部世界获得创造性的、富有成效的表现,例

---

[1] May R. The Art of Counseling: How to Give and Gain Mental Health[M]. Nashvile: Abingdon-Cokesbury, 1939.

如参与一些社会组织、参加社会活动，从而产生一种创造性紧张，才能使他的人格问题得到改善。

## 一、人格的动态多变性

人格为什么会出现紧张？为什么创造性紧张（creative tension）是解决人格问题的根本出路呢？在罗洛·梅看来，这是由于人格是不断发展和变化的，只要有变化，就会使人产生紧张和不适。通过创造性地适应这种紧张，使人格发生适度改变，才能解决人格问题。他强烈反对谈论人格中的"平衡"，认为平衡只是相对的。一味地强调平衡就意味着人格是不变的。然而"生活并不是像个收音机的调谐键那样，放在那里就可以了；而是需要不停地调谐，以收到不同的波长。这就是说，一个人每天的新经验都会从以前的无穷创造中喷涌而出，它总是新鲜的和有差异的"。[1]显然，罗洛·梅的这一观点强调人格不是静止的，而是具有多变性的，这和传统的静态人格观形成了鲜明对照。但是，罗洛·梅并没有完全否认人格的相对稳定性。在他看来，以过去经验为基础的潜意识倾向赋予了人格相对稳定的特点。一个人在过去是一个什么样的人，会在他的潜意识中留下一定的心理印记。他今天的人格内部紧张正是由于过去的潜意识经验因素影响的。应该承认，罗洛·梅对人格的这种变与不变的分析是比较中肯的。他既看到了人格的

---

[1] May R. The Art of Counseling: How to Give and Gain Mental Health[M]. Nashvile: Abingdon-Cokesbury, 1939.

可塑性的一面，又看到了人格相对稳定性的一面。这比用机械静止的观点看待人格，无疑是一种进步。

## 二、紧张是促进人格变化的驱动力

在看待人格健康及其发展的动力问题上，古典精神分析强调要保持心理的平衡和统一，人格不健康的根本原因在于心理冲突。因此，弗洛伊德主张，心理治疗的关键是帮助患者把潜意识的心理冲突引导到意识中来，以达到消除心理冲突，保持人格内部的和谐与平衡。而罗洛·梅则反对这种观点。在他看来，人格发展的根本动力不是消除心理冲突和保持人格内部的心理平衡，而是应该把破坏性的心理冲突转变为建设性的。因为心理冲突和紧张是不可避免的，企图逃避只能加重心理负担。因此，谈论没有紧张的人格是错误的。"一个人必须有勇气承认人是需要紧张的，从而进行最有效的适应，以便人格最有效地在外部世界得到表现。"[①]换句话说，我们每个人都需要适度的压力和紧张，因为适度的压力和紧张是人格发展的动力。正如大庆"铁人"王进喜所说，"人无压力轻飘飘，井无压力不喷油"。但这个度要把握好，人的压力太大就可能会发生崩溃，油井的压力太大可能会发生井喷。

其实，罗洛·梅在其早期著作《咨询的艺术》中就把宗教紧张感视为重要的人格结构成分之一了，认为它是人格发展中一种紧

---

① May R. The Art of Counseling: How to Give and Gain Mental Health[M]. Nashvile: Abingdon-Cokesbury, 1939.

张和不平衡状态，因而是人格发展的主要动力。但他当时把宗教视为使人获得最高价值和生命意义的存在基础，认为宗教能使人的自由意志得到提升，使人的道德意识得到发展，促使个体为自己的自由选择负起责任，从而实现自我存在的价值。同时，他认为，宗教紧张感能使人体验到罪疚感，尤其是在紧张无法克服时，罪疚感就会愈加强烈。人格就是在这种紧张中不断发展的。

**三、通过内部适应解决人格问题**

罗洛·梅反对机能主义心理学关于有机体"适应环境"的主张，认为这是虚假地看待心理问题，而且根本无视人格问题。他的看法是，虽然个体适应外部的环境要求是必要的，但真正重要的是使病人产生一种创造性的、动力学的、内部的适应。因为神经症患者的表现虽然是外部的，但其问题却发生在人格的内部。例如，乔治经常对他同寝室的室友发脾气，表面看来这是他对这位室友不满。但罗洛·梅却认为，在这种情况下，他的这位室友只是他发泄其愤怒的一个最方便的人而已。换句话说，如果这位室友不和他住在一起，乔治也会把管理宿舍的服务员或其他什么人当作发泄其愤怒的靶子。确切地说，正是由于他的人格内部那种想要控制别人的紧张，才使那些外部的行为表现看上去似乎更重要了。因此，罗洛·梅忠告说，虽然治疗师在心理治疗中可以考虑影响来访者行为的外部因素，但若想从根本上解决人格问题，就必须探讨病人的人格内部的紧张，帮助他通过内部适应来解决人格问题。

## 人格困境的心理结构

在确定了人格紧张是导致人格出现问题的基本根源之后，罗洛·梅又进一步探讨了人格困境的心理结构，试图从更深的人格层面上来探讨造成心理症状的原因及其解决的对策。不过，当时罗洛·梅刚刚从事心理咨询不久，他的思想还没有和存在主义哲学系统地联系起来，而且他早期又深受精神分析学派的阿德勒个体心理学思想的影响，因此可以说，20世纪30年代的罗洛·梅还主要是一名精神分析学派的信徒，他对人格困境及其结构的看法也主要是精神分析式的。

### 一、内部冲突与外部症状

罗洛·梅把人格困境的内部心理冲突同外部的症状表现联系起来，认为人格内部之所以会产生心理冲突，是由于个体不能对人格紧张进行创造性的适应和调整，因而往往以各种形式的外部症状表现出来。例如，有人会表现得特别困窘、羞怯、胆小，总是感到焦虑不安，或者害怕见人、害怕工作失败等，这些外部症状背后潜藏着的是内部心理冲突。结果，越是这样，他就越不能自由地发掘自己的潜能，其工作、爱情、家庭、学习和社会交往等都会同时受到不同程度的障碍，他的内部潜能和正常人格当然也不能得到发挥和健康发展。

罗洛·梅认为，在这些外部表现的内部实际上存在着某种心理冲突，这意味着他和其内在的自我发生了心理上的争吵，由于他无法恰当地调整，因此表现在外部便和他的社会群体发生了冲突。既然问题主要出在人格内部，那么要解决这类人格问题，关键在于对其人格内部的紧张进行创造性的调整，澄清他的态度，才能使他与并不完善的社会和睦相处。因此，罗洛·梅指出："实际上朝向别人的行为是由态度引起的，而态度只有一个席位，这就是个体当前的心理。那种进行了社会调整，却没有澄清其态度的人，也就是以伪善为代价的人，丝毫也没有作出调整，他的微小结构很快就会崩溃。"[①]这里的"微小结构"指的是人格中隐含的为人处世的正确态度。正如一句老话所说，"心病还需心药医"。只有抓住了产生人格困扰的内部心理症结，才能有助于问题的解决。

## 二、人格症状的心理分析

罗洛·梅对"神经症"、"精神病"和"正常人"做了比较分析，对人格症状引发的心理问题提出了与精神分析观点大体相同、但又略有差异的初步看法。在他看来，"神经症"（neurosis）是功能性的，是心理功能出现紊乱所致。例如，一个学生考试之前尚未准备好，就会产生精神高度紧张，结果在考试的前一天便病倒了，从而免于或推迟参加自己尚未准备好的考试。以后他便形成一种习惯性的精神症状，每次考试之前都要大病一场。出现这

---

[①] May R. The Art of Counseling: How to Give and Gain Mental Health[M]. Nashville: Abingdon-Cokesbury, 1939.

种情况就表明他的人格状态出了问题，他的行为方式、心理态度等出现了紊乱，而并非他的机体出现了器质性的问题，因为许多机体状态都是心理的神经状态造成的。而"精神病"（psychosis）则是一种比神经症更严重的心理紊乱。它有两种可能的原因：一种是器质性的，例如，由于某种疾病伤害了神经系统的组织而导致精神病；另一种是功能性的，例如，由于极度的情绪和身体紧张而产生精神分裂症等。对于这类病症，罗洛·梅的意见是最好推荐给专业精神病医生去治疗。

罗洛·梅认为，由于人格是发展变化的，每个人总是在持续不断地调整其人格内部的紧张，因此，每个人都会出现人格困境。从这个意义上说，完全"正常的"人是没有的。所谓"正常"只是一个相对的概念，意思是说，当正常人出现人格紧张时，他能及时地加以调整。正如罗洛·梅所说："坦白地说，我从未遇见过一个病人的心理困境在我自己身上未曾存在的情况，至少是潜在地存在着。"[1]从这个意义上说，罗洛·梅把那些能够建设性地应对心理冲突，并能及时加以调整的人称为正常的人，而那些在心理冲突面前感到束手无策的人则是具有神经症倾向的患者。因此，每一个人都应该明智地认识到自己独特的神经症倾向，以便在出现心理危机时，不至于使人格陷入紊乱状态。

---

[1] May R. The Art of Counseling: How to Give and Gain Mental Health[M]. Nashville: Abingdon-Cokesbury, 1939.

### 三、人格困境的解除

罗洛·梅认为，进行创造性的人格调整是解决人格困境的主要出路。既然不存在完全正常的人，那么，正常就只能是一种理想而不是现实。这种观点显然受弗洛伊德学说影响，因为弗洛伊德认为每个人都或多或少地具有某种神经症倾向。罗洛·梅补充说，要想成为一个"正常的"人，就要以创造性原则为基础。也就是说，一个人只要能够自由地创造自己独特的人生方式，及时地重新调整人格的紧张，就能使其潜能得到成长、发展和实现。罗洛·梅指出："重新调整人格紧张是创造性的同义词，尤其是具有创造性的人，其人格紧张特别容易调整；他往往比较敏捷，遭受的痛苦也较多，但他也享受着更多可能的东西。"[1]神经症患者当然也具有这种创造的潜能，只是他们往往拒绝这样做。从历史上来看，许多具有创造性的人常常是具有强烈的神经症倾向的人。例如，荷兰艺术家文森特·梵高、德国哲学家弗里德里希·尼采、俄国文学家列夫·托尔斯泰等人就是具有强烈神经症倾向的人，他们常常是借助于他们的创作活动，通过对其人格中的紧张加以调整，才减轻了其神经症压力的。这样说当然不是鼓励人们为获得创造性而去患神经症。罗洛·梅的意思是，如果一个人能够有勇气和建设性地正视他们自身的神经症倾向，就有可能将其改造成为一

---

[1] May R. The Art of Counseling: How to Give and Gain Mental Health[M]. Nashville: Abingdon-Cokesbury, 1939.

种特殊的创造性人格,就像一些有创造性才能的特殊人才那样,如爱因斯坦、达尔文、霍金等。因此,心理咨询师的基本职责是帮助人们进行更具有创造性的人格调整。他不仅要帮助那些低水平的人达到平均水平,还要帮助那些处于平均水平的人学会利用自己的潜能,而达到较高的水平。

## 每个人都会经历人格发展的困境

古典精神分析强调消除心理冲突，以保持心理的平衡与统一。罗洛·梅强烈反对谈论人格中的"平衡"，他认为人格是不断发展和变化的，只要有变化，就会使人产生紧张和不适，心理冲突就会存在。只有把破坏性的心理冲突转变为建设性的，使人格发生适度改变，才能解决人格问题。

人格内部之所以会产生心理冲突，是由于个体不能对人格紧张进行创造性的适应和调整，因而往往以各种形式的外部症状表现出来。这些外部表现实际上意味着他和其内在的自我发生了心理上的争吵，由于他无法恰当地调整，表现在外部便和他的社会群体发生了冲突。

由于每个人总是在持续不断地调整其人格内部的紧张，因此，每个人都会出现人格困境。从这个意义上说，完全"正常的"人是没有的。所谓"正常"只是一个相对的概念，意思是说，当正常人出现人格紧张时，他能及时地加以调整。而那些在心理冲突面前感到束手无策的人则是具有神经症倾向的患者。反过来看，每一个人都应该明智地认识到自己独特的神经症倾向，以便在出现心理危机时，不至于使人格陷入紊乱状态。

## 人格的四个发展阶段

从前面的论述中我们发现,罗洛·梅在其早期阶段,就已经提出了一种包含着个人自由、社会整合与个体创造性的人格,因为他相信,这是一种健康人格的标准。具有这种健康人格的人才能作出自由的选择并及时调整自己的心理状态,从而把命运控制在自己手里。他的这种早期观点为心理治疗、健康人格和存在的本体论之间建立联系搭设了一个舞台。尽管当时他还没有使用本体论一词,但已经清楚地表明,他的早期研究朝向某种一致性的结构发展。确切地说,这种一致性结构就是对人的存在感或本体论自我意识的依赖,只是他当时还没有明确表示出来罢了。

随着其研究的不断深化,罗洛·梅对自我意识的认识也越来越深刻,并且和人格发展过程联系起来。罗洛·梅对人格发展过程的讨论主要集中在个体与父母或其他有密切关系的人(如教师、朋友、牧师等)的生理或心理联系。

他首先论述了个体对母亲的身体依赖关系,也就是人格发展过程中人的独立性与依赖性的发展过程。我们在胎儿时期都是通过生理脐带获得营养的，但是和母亲的这种联系在出生时被切断了，然而，我们对母亲的依赖却仍然存在。随着个体年龄的不断增长，个体对父母的身体依赖逐渐减少，而心理上的依赖却依然存在。在罗洛·梅看来，正是这种生理和心理的依赖关系影响着人格的发展，也影响着人的独立性和创造性的发展，因为能否顺利解决好这个问题在很大程度上决定着我们能否实现人格成熟。罗洛·梅认为这一点主要由人的意志来决定，也就是说，一个人是决定自己承担行动的责任，还是让别人为他作出决定，由此会产生一种内心的矛盾和冲突。每个人都想扩大自我意识，都有趋向成熟，获得自由和责任的需要，但每个人又都希望继续做一个儿童，永远受到父母等人的庇护。在罗洛·梅看来，这是一种内在力量的矛盾性斗争。这种斗争的焦点在于，我们承认自己的弱小和不足，但又必须和那些具有更强大力量的人建立关系，此时只有确立自主性和同一性，才能既不会失去自我，又能不断完善自己的人格。当然，这是一个漫长的过程，人格就是在这场争取自由的斗争中慢慢地发展起来的。罗洛·梅认为这个过程大致上包括以下四个发展阶段。

**人格发展的天真阶段**

这个阶段是在婴儿时期。此时婴儿还没有形成自我意识，其人格尚处于朦胧阶段，他称之为人格发展的天真阶段。罗洛·梅认为，二三岁以前的儿童基本上属于这一阶段。每个人都具有成长和发展的潜在的可能性，但在这一阶段，人的各种潜能尚未发掘出来。在胎儿时期，胎儿和母亲都不可能作出任何有意识的自由选择，胎儿只能通过生理脐带从母体获得营养，在母体中逐渐长大。出生以后，生理脐带被切断，母婴双方在儿童的喂养方式和发展方式上有了部分的意识选择。例如，婴儿可以通过哭叫而反映其生理需要，对此，母亲可以予以满足，也可以不予满足。但不管怎么说，"婴儿仍几乎完全地依赖于父母，特别是喂养他的母亲"。[①]因为此时他还没有发展起明晰的自我意识。

这一阶段主要是形成了儿童的依赖性。尽管这是一个最初的、天真的发展阶段，但它对个体以后的人格发展却十分重要，因为它奠定了将来儿童人格发展的基础。在这一阶段形成过分依赖性的人，将来很难发展起独立性和创造性人格。因此，罗洛·梅指出："个人在其人生之初所体验到的束缚是外部的。正在成长着的婴儿，无论他是一个受父母利用的孩子，还是一个生于具有反犹太偏见的国家的犹太儿童，都是外部环境的受害者。孩子必须千方百计地正视，并使自己适应其周围世界。"[②]

---

[①] 梅.人寻找自己[M].冯川,陈刚,译.贵阳:贵州人民出版社,1991.
[②] 梅.人寻找自己[M].冯川,陈刚,译.贵阳:贵州人民出版社,1991.

## 内在力量的反抗阶段

第二阶段是我们寻求建立内在力量的反抗阶段。罗洛·梅认为，这种反抗发生在二三岁和青少年这两个不同的时期。在他看来，我们应把儿童和青少年的这种反抗视为自我意识发展的一个必要步骤。这种反抗包括对父母或社会制定的某些规则表示轻蔑，或者有意识地予以主动拒绝。这是该阶段儿童和青少年的一种自发的、激烈的和反射性的活动。表明人竭力想要获得一定程度的自由，以便确立一些属于他自己支配的内在力量。这种反抗之中可能夹杂着某种挑战甚至敌意。这是一个人在寻求摆脱依赖性，并且在割断生理脐带后寻求割断心理脐带的一种必然反应，表明他想要切断与旧事物的联系，寻求建立新的联系。

但是，这种反抗绝不是一件简单容易的事。不能指望一个人突然下决心要与自身的依赖性作斗争。因为在实际生活中，人格的发展是一件长期的事情，儿童在这一阶段要不断地与新事物进行整合，进行自我的再教育，发现新的顿悟，这样才能一步一步地作出有自我意识的决定。然而，这种反抗本身又会产生严重的内心冲突，这主要表现为儿童的不成熟与渴望成熟之间的冲突。一方面，儿童希望摆脱对他人的依赖，成为独立自主的人。另一方面，由于自身发展尚不成熟，又不得不依赖他人。因此，在这一阶段，恰当地调整好这种依赖性与独立性之间的矛盾关系，是保证人格顺利发展的一个必要条件。

**寻求发展的自我意识阶段**

第三个阶段是一般的自我意识的发展阶段。它和上一阶段有某些时间上的穿插，基本上指从婴儿期到青少年后期。在这一阶段，我们的心理发展是相对比较平衡和稳定的。我们能够在一定程度上理解我们所犯的某些错误，以及认识到我们的某些偏见；我们也能从我们的错误中学到许多东西。例如，把自己的内疚感和焦虑作为学习过程中的一种内在体验，比较负责任地决定自己的某些行为，并且勇于为自己的行为承担责任。

但是，罗洛·梅认为，在这一阶段，我们的自我意识只是处于一般发展水平，因此，这种自我意识状态绝不是真正意义上的存在，更不意味着人格的成熟与健康，而我们大多数人恰恰就处在这一阶段。如果这一阶段出现问题，就会导致人格变态和心理不健康。现代社会中所发生的许多心理问题，往往是在这一阶段表现出来的。

**创造性的人格成熟阶段**

这是人格发展的最后一个阶段，罗洛·梅称之为创造性的自我意识阶段。只有当人格发展到这一阶段时，那才真正意味着人格的成熟。这一阶段虽然在人格发展上非比寻常，但大多数人却很少体验到它。在罗洛·梅看来，这是一个超出通常意识界限的阶段。人格发展到这个成熟阶段，我们就能毫无歪曲地看到真理，对某个问题产生深刻的、令人愉快的顿悟。例如，我们对某个久思不得其解的问题，突然感到茅塞顿开，答案不期而遇地出现在我们面前，尽管这种情况只是偶然才会发生。从罗洛·梅对这一阶段的特点所做的描述中，我们似乎可以看到，这种创造性自我意识和马斯洛的所谓高峰体验（high peak experience）非常类似。在某种意义上可以说，这一阶段指的就是人的自我实现，只是所用术语不同罢了。

罗洛·梅对人格发展的这一阶段做了特别的描述。他说，当我们意识到这些快乐的时刻时，我们便获得了成熟并且接近了自我实现。这时我们能够作出选择，勇敢地面对我们所遇到的各种问题，并为我们的行为负责。我们不会被某种决定论的力量所驱使，我们不受过去的限制，不受角色训练的限制，不受别人教给我们的标准限制。因为这一阶段超越了主客体之间的分离，使人能暂时地超越这种意识人格的通常界限，通过灵感、直觉等创造性活动，从而对客观真理产生转瞬即逝的认识。尽管我们有时能意识到那些起决定作用的力量，但在创造性自我意识的驱使下，我们能加以应对，并且自由地选择与其一致或不一致的行动。正如罗洛·梅所说："自我意识给了我们力量，使我们能站在严格的'刺激-反应'（S-R）的链索之外，暂时停顿一下。通过这种暂时停顿，掂量一下孰轻孰重，最后再对将要作出何种反应下定决心。"[1]

从罗洛·梅对人格发展阶段的这些简单阐述可见，他的所谓人格的健康发展，就是自我意识的发展，就是一个人朝向自我实现的发展过程。这种自我实现是个体有意识的自由选择的过程。如果我们的自我意识受到限制或压抑，我们就会远离自我实现，远离人格的成熟。因此，要使人格健康发展，必须要有一种清晰的自我意识。罗洛·梅认为，人的自我意识的降低在很大程度上是由危及我们存在感的某些威胁造成的。为了应对这些威胁，人们往往采取各种不同的形式。神经症和精神病就是病人应对这些威胁的一种调整性尝试。或者说，病人通过这种接受非存在的方式，企图使存在的某些方面保留下来。在正常人的生活中，为了应对这些危及我们存在的威胁，我们往往通过防御手段来压抑或歪曲我们的内心体验，从而使这种威胁退缩到我们的潜意识中去。但是，通过这些防御性手段，我们却否认了自己进行选择的自由，逃避了自己应负的责任，压抑了自己的发展潜能。因此，仅仅使用防御手段是不可能达到人格健康的。

---

[1] May R. Man's Search for Himself[M]. New York: Norton, 1953.

# 创造性、勇气与健康人格

罗洛·梅的人格心理学思想基本上是以存在的本体论为理论核心的,因而极其强调人的整体存在,这种存在表现为一个人在运用其自由和责任,运用其潜能实现自己的真正存在价值时的基本人格特点。只是他的理论更突出创造性、勇气、权力、爱、意志和力量在人格发展中的作用,更强调自我的主动性。尤其是在20世纪60、70年代以后,他对人格中的自我意识、创造性和勇气的强调更加突出,因而形成了自己独特的人格理论。

## 自我意识是人格的主宰

罗洛·梅自始至终十分强调自我意识在人格发展中的重要性,强调自我意识与自由的关系。这里所谓自我意识就是人所独有的一种本质特征,就是人从外部看待自我的一种能力。然而,自我意识最初只是人的一种潜能,在儿童出生后才逐渐发展起来。在自我意识发展的早期,父母的影响是第一位的,因为儿童第一个接触的人就是父母。父母的教养态度对儿童自我意识的发展会产生巨大的影响。以后自我意识又通过与其他人建立各种关系而不断发展。当然，自我意识的发展虽然受制于外部因素，但是，一个人的成长、发展和成熟过程并不是消极被动地接受外界影响所致。他应该具有自我选择的自由，并且能为自我的发展负责，他具有自我选择的理想和自我认可的目标需要。归根结底，他的人格组织功能的最终目的是要达到自我实现。

在自我意识的发展过程中，我们会产生很多焦虑，会和外部的权威力量发生冲突，如果处理不好，就有可能导致心理疾病。在罗洛·梅看来，这些不同形式的心理冲突也是自我意识的一种表现方式。例如，自我膨胀和欺骗是由于内心空虚和自我怀疑，骄傲自大是为了掩饰内心的焦虑，而自我谴责则是想显示自己的存在如此重要，因为意识到自我发展不好，应该受到良心的惩罚，等等。

总之，自我意识使存在的体验更为生动，它促使消极接受的客体自我（me）向积极主动的主我（I）发展。因此，罗洛·梅认为，这种创造性发展的自我意识并不是一种自我偏见和病态的内省，而是一种自我之爱，它是爱别人的一个先决条件，也是健康人格的主宰。一个人只有自尊、自爱、自重，才能和他人建立良好的人际关系，才能表现出积极友善的外部行为。只是由于人们对自我意识的认识程度不同，侧重点不同，而表现出不同的行为方式。

那么，自我意识包括哪些具体内容呢？ 有哪些外部因素或态度倾向会影响人的自我意识呢？对此，罗洛·梅明确指出，对自我的高度意识主要包括：认识到自己身体的感觉，觉察到自己的情绪，知道自己需要什么，能重新发现和调整自己。这些观点和我们心理学的自我概念基本一致，也就是一个人对自己生理自我、社会自我和心理自我的感知和评价等。例如，在刚刚学步的幼小儿童身上，他能意识到自己的排泄功能和性感觉，能体验到自己这样做时别人对自己的态度，从而不断地调整自己，逐步学会自我判断和作出决定，使自己的行为能得到良好的情绪反馈。这样，在各种内外部因素的相互作用下，儿童的这种自我意识便逐渐发展起来，其健康程度则依据儿童对那些外部因素的态度和儿童自身的适应与调整。长大成人后，他更会主动地组织自我结构中的情感和需要，并自发地对整个情境作出反应。因此，一个真正积极主动的人绝不会消极地受外部因素决定，也不会沉溺于别人的评价和替代活动中，这是一个创造性不断发展和演变的过程。它是通过人的有意识的、负责任的自我选择来实现的。罗洛·梅坚定地相信，要成为一个有高度自我意识、能够主宰自己人格成长和发展的人，就需要进行奋斗，甚至在必要时要与任何束缚其自由与发展的外部权威力量作斗争。这就需要人具有足够的创造性和勇气，通过个体对自我的领悟和自我意识的选择与决策来切断人的心理脐带，即从依赖他人和社会的力量转变为以我为主地实现自己的人生价值。

罗洛·梅曾治疗过一个有同性恋倾向的30多岁的男人。这个男人对女人没有确定的情感，而且很害怕女人。作为独生子，他的父亲比较软弱，而母亲则很强势，对他也非常纵容。上学时小心翼翼地给他穿衣服，还经常到学校去，保护他不受别的孩子欺负……在青少年时期，母亲竭力阻止他和姑娘们交往，当他确实有了女朋友后，又竭力要他和有钱有势的女孩子约会。他非常聪明、很有天赋，在学校的成绩和表现都很好，后来在军队服役也获得了一些声望，但这些都被他的母亲当作提高她自己在社区声望的手段。当他在学校读书时，学校的钢琴课和背诵常使他难堪，他竟然无法完成主日学校"当孝敬父母"这个戒律的背诵作业。他母亲让他在妇女聚会上弹钢琴，无论他事先对这首钢琴曲多么熟悉，但一上场就忘得一干二净。他当时在读博士学位，但无法完成博士论文，怎么也写不下去。在接受心理治疗期间，他的母亲还频繁地给他写信，要他回家照顾她，要不然她就会心脏病发作。

在罗洛·梅看来，这就是尚未割断心理脐带的典型表现，他忘记钢琴曲和写不出论文，都是对母亲利用他的成功谋私利的反叛。罗洛·梅在做了大量引经据典的分析后，鼓励他要和母亲作斗争，要和自己的依赖性作斗争。当然，这种斗争是在内心进行的，旨在消除自己对依赖的需求，消除焦虑和为获取自由而感受到的内疚感，只有这样，个体才能割断心理脐带，朝向成长、发展和人格健康。

## 心理脐带

在自我意识的发展过程中，我们会产生很多焦虑，会和外部的权威力量发生冲突，许多不同形式的心理冲突也是自我意识的一种表现方式。例如，自我膨胀和欺骗是由于内心空虚和自我怀疑，骄傲自大是为了掩饰内心的焦虑，而自我谴责则是想显示自己的存在如此重要，因为意识到自我发展不好，应该受到良心的惩罚，等等。

要成为一个有高度自我意识、能够主宰自己人格成长和发展的人，就需要进行奋斗，甚至在必要时要与任何束缚其自由与发展的外部权威力量作斗争。这种斗争是在内心进行的，旨在消除自己对依赖的需求，消除焦虑和为获取自由而感受到的内疚感，只有这样，个体才能割断心理脐带，朝向成长、发展和人格健康。

## 创造性是人格之源

到20世纪70年代，罗洛·梅把其人格研究的重心转向了对创造性、勇气和力量等概念的探索，而且他把这种研究和西方社会的现实密切联系起来，因而具有更加特殊和积极的社会意义。1972年，他发表了《权力与无知》一书，这本书对个人的权力和力量，其建设性和破坏性作用等做了具有深刻洞见的、描述性的探讨。他还对人们通过敌意、冷漠、疏远等方式而对其同伴造成伤害等问题做了细致的探讨。和其他早期研究一样，罗洛·梅在这本书里主要关心的是通过本体论研究来理解更深层面的心理内涵，研究潜藏在人的暴力行动、敌意或冷漠背后的结构及特点。1975年，他又搜集了关于创造性的一些文章，以《创造的勇气》(*The Courage to Create*)为书名出版。在这本书里，他着重探讨了创造的本质、过程，以及创造性与勇气、潜意识的关系等。这些著作的出版再一次证实了他一直信奉的有勇气的自我肯定，在面临存在的挑战时的潜意识力量和存在抗争的意义。

什么是创造性？其主要特点是什么？如何研究、培养和发展创造性？在罗洛·梅看来，创造性当然和我们的文化传统中某些严重的心理问题有关，但这并不意味着创造性一定是神经症的产物，就像在某些天才艺术家身上体现出来的那样。如果真是这样的话，那么，创造性便向我们提出了一个两难问题：如果我们通过精神分析治愈了艺术家和其他创造性人才的的神经症，这样不就意味着他们再也不会有创造性了吗？再者，如果创造性可以转化为升华（sublimation），或者说创造性只是补偿作用（compensation）[①]的副产品，那么，我们的创造性不就只有虚假的价值了吗？创造性也就失去了其真实的意义。

罗洛·梅是如何解决这个问题的呢？他认为，当我们界定创造性时，我们必须在虚假（或空想）的创造性与真的创造性之间作出区别。在他看来，虚假的创造性是一种表面的唯美主义，而真正的创造性是向自己的存在提供某些新的东西，即通过创造给社会提供新的事物，给自我带来价值和意义。这就是表面艺术与真正艺术之间的区别。多少世纪以来许多艺术家、科学家和哲学家一直力求解答这种区别。早在古希腊时代，柏拉图就认为，诗人和有创造性的人能给现实带来某些新的东西。因此，这些诗人和有创造性的人才是能够表达其真实存在的人。罗洛·梅赞同这种观点，并补充说，他们的创造性是对人类意识的扩展。"他们的创造性是人类在这个世界上实现自己存在的最基本的表现。"[②]罗洛·梅认为，我们所研究的创造性不是日常的行为习惯，不是随心所欲的活动，不是周日的绘画，也不是其他形式的休闲活动，

---

[①] 这是精神分析学说的一种心理防御机制，指个体追求某种目标受挫或者因为自身的某种缺陷而产生自卑时，通过发挥自己的优势而力求获得某些方面的心理补偿。

[②] May R. The Courage to Create[M]. New York: Norton,1975.

因此，不能把创造性的意义仅限于周末的消遣。另外，我们也不要把创造性过程当作心理疾病的产物来对待，而应该把它视为最高程度的情绪健康的表现，视为正常人在实现他们自己的活动中的表现。创造性在本质上，"基本上是一种制造过程，是一种带入到存在中去的过程"。[①]

既然创造性是一种过程，那么，这个过程是如何表现的呢？罗洛·梅主要是以艺术家为例来说明这一过程的。这显然是因为他比较熟悉他们，与他们一起工作过。而且他最初学习的就是文学和绘画艺术，在某种程度上可以说，他本人就是一位艺术家。他曾提到许多文学艺术方面的例证，而他最喜爱的似乎是那些对人的现代困境和现代生活的心理压力提出直接而又深刻洞见的艺术家与作家，例如，古希腊剧作家索福克勒斯（Sophocles）、美国诗人艾略特（Thomas Stearns Eliot）、挪威戏剧家易卜生（Henrik Johan Ibsen）、西班牙艺术家毕加索（Pablo Picasso）等人。在他们的作品中，他似乎看到了真正富有创造性的人的存在究竟是什么。当然，他并没有低估其他领域的创造性活动，因为在他看来，他对创造性本质的分析同样适用于所有从事创造活动的人。他认为创造性过程由以下三个主要因素构成：

---

① May R. The Courage to Create[M]. New York: Norton, 1975.

## 一、心灵交会

当艺术家遇见他们想要绘画的风景时，他们会从不同角度去观察它，并深深地被它所吸引。在抽象派画家中，创造性表现为突然涌起一个念头，产生某种内在幻觉，这就是所谓艺术的灵感。而在科学家身上则表现为在他们的实验室里，在他们面对其实验任务时的一种灵感突现。罗洛·梅认为，这种心灵的交会（encounter）可以包括也可以不包括自我的意志努力，也就是说，创造性过程既可以是有意识的，也可以是潜意识的。即使在一个健康儿童的游戏中，也具有这种心灵交会的特点，例如，儿童在做游戏时，会突发奇想地作出一些创造性的举动，说出一些让成人都感到吃惊的话语，成人创造性的一个主要原型即来自于此。罗洛·梅指出，关键不在于有没有意志努力，而在于一个人在创造性活动中被吸引的程度，在于其心理投入和紧张的程度，因此，在创造性活动中必须要有一种特殊性质的投入（engagement）和适度的紧张。也就是说，只有全身心地投入到某项工作中，深深地专注于思考，才有可能在某一时刻出现突然的心灵交会。

既然心灵交会是创造活动的先决条件，那么通过心灵交会我们就会更加清楚地看到天才与创造性之间的区别。罗洛·梅认为，天才很可能与人的神经系统的结构有一定程度的相关，因此可以把天才视为上天对某个人的恩惠或"天赐之物"（givens）。无论一个人是否使用，他都可能拥有某些天赋。而且一个人的天赋是可以测量出来的。然而，天赋并不等同于有创造性，因为创造性只有通过心灵交会才能在创造活动中得到展现。罗洛·梅指出："如果我们是纯粹派艺术家，我们就不会谈论创造性的人，而只是谈论一种创造性活动。例如毕加索，既有伟大的天赋，同时又有伟大的心灵交会，最后就会产生伟大的创造。"[1]因此，创造性和人的天赋既有联系，又有区别。有时我们拥有伟大的天赋，但创造性不足；有时某一位有高度创造性的人似乎又没有多少天赋。人的创造性在于他能如此完满地将自己投身于他所研究的材料之中，这正是由于他有强烈的心灵交会所使然。

**二、心灵交会的强度**

人们经常用专注、聚精会神、全身心的投入等词汇来描述艺术家或创造性人才在创造时的这种心灵交会的心理状态。罗洛·梅认为，不论给这种状态起个什么样的名字，真正创造性的特点是具有强烈的自我觉知（self awareness），这是个体跳出自己来观察自我的一种能力，并由此形成关于自己存在和发展状况的自我意识状态，能超越时空观念和直接具体的现实，作出创造性的发现。

在这种强烈的心灵交会状态下，创造性的人会有如下表现：首先是生理上出现明显的变化，包括心跳加快，血压升高，紧张度增加，视力缩减和眼睑变狭窄，有时甚至使人忘记了周围的一切。

---

[1] May R. The Courage to Create[M]. New York: Norton,1975.

他会体验到食欲减退，对吃饭毫无兴趣，或者即使在吃饭时仍在废寝忘食地工作。罗洛·梅把这种状态比作我们在广义的焦虑和恐惧中所发现的那种与神经症相关的心理状态。其次，创造性的人在创造时所体验到的不是焦虑或恐惧，而是快乐（joy），但这种快乐并不等同于满意或满足。它是一种和高度的意识同步的情绪，还伴随着体验到实现自己潜能的一种心境。再次，这种心灵交会不一定和意识目标或意志相连。它可能出现在某种心醉神迷的幻想和梦中，或者从某种潜意识水平中浮现出来。即使我们没有有意识地觉察到它们，创造中的形成、制造和建设过程也会继续存在。而且创造性表现为不同的强度水平，这些水平并不是直接受有意识的意志控制的。"因此，我们所谓高度觉知并不意味着增加了自我意识。相反，它和放纵及全神贯注有关，它包含着在整个人格中的一种高度的觉知。"[①]

### 三、主体与客体世界交会的相互关系

罗洛·梅认为，创造中的心灵交会总是主客两极之间的交会。主观的一极是从事创造性活动本身的那个有意识的人，而客观的一极是有创造性的人与其世界的交会，也就是主体与客体在创造性活动中的一种特殊的相互关系。当然，这个与其交会的世界不是指环境，也不是指事物的"总和"，而是一些意义关系的模式，

---

① May R. The Courage to Create[M]. New York: Norton, 1975.

一个人存在于其中并参与着它的设计。这个世界当然是一种客观现实，但又并非仅仅如此。世界是和每一时刻的人相互联系着的。在世界与自我、自我与世界之间进行着一种辩证的交往过程，其中一个方面必然包含着另一方面，如果我们忽略了另一个方面，那么，双方就谁也不可能理解谁。这就是为什么一个人绝不能把创造性仅仅确定为一种主观现象的原因。我们绝不能仅仅根据在一个人心理内部所发生的情况来研究世界。世界这一极是一个人的创造性的不可分离的一部分。在这个意义上说，创造性就是一个人与其世界发生相互关系的过程。

罗洛·梅以画家为例指出，每一个真正有创造性的画家的作品可以说明，他们是怎样与他们的世界产生心灵交会，并发挥其创造性的。在画家们看来，大自然只是一个媒介，是他们借以揭示其世界的一种语言。有创造性的画家所要做的，就是以画笔来揭示他们与其世界关系中的潜在的心理与精神状况。因此，在伟大画家的作品中，我们总能看到一种对人类在那一历史时期情绪和精神状况的反映。这些伟大的画家之所以具有揭示他所处时代的那种潜在意义的力量，正是因为艺术的实质就在于，艺术家与其世界之间建立了一种强烈而又有生命力的关系。一些精神病患者绘画的原生艺术作品在某种程度上就是其创造性在心灵交会中的艺术展现。

从这个意义上说，真正的艺术家与他们的时代如此紧密地联系着，以至于他们不可能在心灵交会中与世界相分离。这是因为在创造性中所获得的意识，并不是表面水平在客观意义上的理智化，而是在弥合主客体分裂水平上的一种与世界的交往。在做了这些解释之后，罗洛·梅便对创造性做了最后的明确界定，指出"创造性是具有强烈意识的人与其世界进行的互动或心灵交会"。[①]因此，创造性是和本体论意义上的存在密切联系着的。我们通过创造来展现我们存在的价值，来表达我们的存在本质，换言之，创造性是存在的一种表达方式和必要的程序。它可以体现人活着的意义和价值，对外可以为社会作出创造性贡献，对内可以提升和彰显自我的价值。罗洛·梅进而指出，并非任何人都能随心所欲地表达其创造性，因为创造性是需要特殊勇气（courage）的。

## 成为一个有勇气的人

使人格健康发展，成为有创造性的人，能进行自由的选择和负责任的生活，这些都需要有勇气。罗洛·梅所生活的年代，在一个旧的时代即将逝去，新的时代尚未诞生的时期，婚姻关系、性关系、教育、宗教、技术等几乎一切方面都发生了剧烈的变化，而且在这些剧烈变化的背后还隐含着核战争的威胁。生活在这样

---

[①] May R. The Courage to Create[M]. New York: Norton,1975.

一个动荡的时代的确是需要勇气的。

那么,究竟什么是勇气呢?罗洛·梅首先从反面做了论证。首先,勇气不是失望的对立面,因为在勇气之中也存在着失望。虽然我们有勇气做事,但我们做的事情并非总能成功,不成功和受到挫折是人生经常遇到的,由此肯定会使人产生失望。在这个意义上说,勇气是一种尽管有失望,但我们仍然能够勇往直前的能力,是一种在失望中向前迈进的能力。我们平常所谓"百折不挠""越挫越勇"就是这种勇气。显然,这同样也是一种悲剧性的乐观主义精神。其次,勇气也不是执拗,不是固执己见,因为我们必须善于总结经验,有时还要善于和别人一起创造,在这种创造中使自我和社会都得到发展。而不是顽固地坚持自己的观点,即使"撞了南墙也不回头"。如果你不能表达你自己的观点,如果你不能倾听你自己的存在,那就意味着你背叛了你自己,也背叛了我们的社会,因为你既没有发展起健康的自我,也没有为社会整体作出你的贡献。再者,我们也不要把勇气和鲁莽相混淆。鲁莽是一种伪装的勇气,它实际上是一种虚张声势。其目的是想补偿一个人的潜意识恐惧。然而,这种鲁莽最终将导致人的自我毁灭,因此,鲁莽并不是表现勇气的积极方式。

现代社会中的勇气与人的自我核心和基本价值观密切相关。首先,和自由一样,勇气也发源于自我的核心。它要求在我们自己的存在中有一种核心性,它使人能积极地参与到社会生活中去。

如果一个人没有或缺乏自我核心，我们就会感到自己仿佛处在真空之中，感到极度空虚和冷漠。罗洛·梅认为，这就是为什么我们总是把选择、决定和行动建立在我们自己的存在核心基础之上的原因。

其次，罗洛·梅把勇气视为人的所有德性和个人价值观的潜在基础。若没有勇气，人的所有其他德性和个人价值观就不可能变成现实，我们的爱会变得苍白无力，只能成为一种依赖，我们的忠诚就变成了盲从。因此，在人类现实生活中，勇气对于自我的存在和成长是十分必要的。自我和人格要想得到健康的发展，一个人就必须提出自我主张和采取必要的行动，这是需要勇气的。一个人是通过他每天作出的多种选择和决定而获得价值与尊严的。每个人在社会生活中都有实现其自我价值的潜能，而这也是需要勇气的，因为勇气能使人获得成长所需要的基本价值观。从这个意义上说，勇气是我们存在的基础，是人格健康完满的表现。

在分析了与勇气有关的典型因素之后，罗洛·梅进而提出了勇气在人格发展中的四种表现形式：

### 一、真正的身体勇气（physical courage）

身体勇气是一种最简单、最明显的勇气。罗洛·梅认为，在美国文化传统中，身体的勇气主要是指在美国西部边疆开发者的神话传说中那种形式的勇气，其原型是美国西部开发时代的英雄。他们之所以能够在恶劣的环境中生存下来，是因为他们能比对手更快地把枪掏出来。他们是靠自力更生，靠个人奋斗而成功的。他们能够忍受令人难以忍受的孤独。没有身体的勇气，要克服生活道路上的各种困难是难以想象的。

但在美国当代社会中，这种勇气已经失去作用，而且已经退化成了残忍和暴力。罗洛·梅认为，这绝不是健康人格的一种有效方式。作为一名心理治疗学家，罗洛·梅经常听到患者在接受心理治疗时，谈到他们对孩提时代的某些行为非常敏感，例如，他们常常为自己没能把别人打得服服帖帖而感到不安。因此，他们在一生中始终相信自己是懦夫，是没有勇气的人。

罗洛·梅指出，现代社会生活中的这种残忍和暴力并不是我们的社会所应倡导的那种身体勇气。我们需要的是一种新的身体勇气，它既不是暴力横行，也不需要向别人施加自我中心的力量。他说："我提出一种新的形式的身体勇气：对身体的使用不是为了培养肌肉发达的人，而是为了培养敏感性（sensitivity）。这将意味着发展起用身体倾听的能力。正如尼采所说，它是把身体作为对别人进行共情理解的一种手段来评价，把自我的表现作为一件美的东西和一种快乐的丰富资源。"[1]罗洛·梅发现，在当代美国社会中，这种身体的勇气已经通过瑜珈（yoga）、冥想（meditation）、禅宗佛教（Zen Buddhism）和来自东方的其他宗教心理学的影响而

---

[1] May R. The Courage to Create[M]. New York: Norton, 1975.

开始出现。罗洛·梅认为，把这种东西方传统中的身体观合为一体，才是我们正在朝向的社会所需要的一种勇气。

## 二、道德勇气（moral courage）

罗洛·梅有时称之为知觉勇气（perceptual courage），因为它和一个人感知事物的能力有关。具有伟大的道德勇气的人一般都厌恶暴力，这是因为道德勇气的根源在于一个人对其人类同伴所遭受的苦难非常敏感。当他能敏感地发现别人遭受的苦难时，就会产生一种道德勇气。道德勇气与同情心和正义感有关，表现为敢于承担责任和义务，勇于牺牲自己，为社会和他人服务。具有道德勇气的人重视精神需要的满足。他能认识到自己的需要、体验到别人的痛苦，同时也能理智地承认自己有可能犯错误。"如果让我们自己体验到邪恶，我们将被迫为此而做些事情。"[1]而缺乏道德勇气的人则恰好相反，当有人受到不公正的对待时，他们既不想卷入进去，也不想提供帮助，而是有意识地装作不知道，视而不见别人的痛苦，对需要帮助的人不予理睬。

## 三、社会勇气（social courage）

社会勇气是一种与冷漠相对立的勇气，是与人类其他成员建立联系的勇气，"是冒着丧失自我的危险而获得有意义的友情和亲密关系的能力。它是使一个人的自我在一段时间内投身于我们

---

[1] May R. The Courage to Create[M]. New York: Norton, 1975.

想要增加开放性这种关系时的一种勇气。"[1]在罗洛·梅看来，友情和亲密也是需要勇气的，因为在我们的社会中，建立友情和亲密关系不可避免地要冒着丧失自我的危险。例如，为了保持和维护友情关系，个体不得不附和别人，说一些违心的话，做一些违心的事情。我们不可能从一开始就知道这种友情关系将会对我们产生什么样的影响。这就犹如化学上的化合，如果这种关系中的一方发生改变，那么，双方就都会发生改变。我们究竟是在与他人友好合作中实现自我的价值和成长，还是在不和谐的人际关系中使自我受挫甚至毁灭，这是需要我们作出有勇气的自我选择的。我们在日常生活中经常发现，有些人非常重视友情和亲密关系，甚至视之为生命。然而，这种关系一旦破裂，其打击之沉重，简直不亚于生命的丧失。有人就常常为此而陷入神经症的焦虑和痛苦之中。

在当代西方社会有一种流行的做法是，尽量避免建立这种要求真诚友情和亲密关系的勇气，方法是把这种关系转向身体，使它成为一种简单的身体勇气，这就是当代西方社会流行的人情淡漠而性关系混乱的一个重要原因。罗洛·梅认为，在我们的社会中，身体上的裸露要比心理上或精神上的裸露更容易，分享我们的身体要比分享我们的幻想、希望、恐惧和渴望更容易。因为身

---

[1] May R. The Courage to Create[M]. New York: Norton,1975.

体只是一个客体，是可以机械地看待的，而我们的幻想和希望等则属于更加私人的东西。对这种内在私有物的分享往往会使人产生这样的体验，即我们更容易受到别人的攻击。但罗洛·梅强烈反对把社会的勇气保持在身体的亲密关系上，因为在身体水平上开始并一直保持的亲密关系往往是非本真的（non-authentic），它只是某些人试图摆脱空虚的一种手段而已。只有在本真水平上的社会勇气才是健康人格和健康社会所需要的。因为"本真的社会勇气要求同时在许多人格水平上保持亲密关系。只有通过这样做，一个人才能克服个人的疏远"。①

**四、创造性勇气（creative courage）**

罗洛·梅认为，创造性勇气是所有这四种勇气中最重要的一种，运用这种勇气，人们便能发现新的形式、新的象征和新的模式，而一个新的社会就是建立在这种创造性勇气之上的。在人类社会生活中，无论哪种职业都要求这种创造性勇气。因为当前的社会是一个剧烈变化的社会，为了迎接社会变化的挑战，就需要有勇气的人去适应和指导这种变化。在职业工作中勇气的需求量和该职业所经历的变化成正比。

罗洛·梅进一步分析了勇气在人格发展中的作用。他明确指出，勇气可以使我们的人格力量倍增，使人能积极地创造条件，

---

① May R. The Courage to Create[M]. New York: Norton, 1975.

发展起本真的自我；勇气还可以使我们形成创造性的人际关系，使人投身于积极的爱的活动中，而不是沉溺在消极和恐惧的性活动之中；勇气还可以使人的身心得到稳固而持续的健康发展。在日常生活中，勇气使人能选择一种植根于自我力量的生活方式，因此，有勇气的人敢于肯定自己的选择，并坚定自己的信念，同时他也努力使别人把他看作是真正的人。虽然现代人的生活处境常常带有悲剧的性质，但他们能够通过勇气的培养、焦虑的克服和自我的选择而趋向人格健康和光明的未来。

然而，没有勇气的人常常是自负的或自恋的。这种人常常强迫性地需要得到别人的赏识和奉承。随着其勇气的丧失，个体愈发难以认识到自己真正的潜能。当然，他也知道，即使别人对他表示赞赏，也常常不一定是发自内心的，这就愈发使他感到自己的生活毫无价值。因此，罗洛·梅强烈反对人像机器似的遵从，因为这是一个人没有勇气的表现，他会使人在人格发展的独立性和依赖性之间发生矛盾，从而引起更大的焦虑，甚至完全丧失自我。

在儿童身上，情况又有所不同。儿童的勇气得益于父母，父母的爱使发展中的儿童在获得独特价值和能量的基础上逐渐脱离了父母。只要父母的教育方式适当——按照罗洛·梅的看法，父母既不要撒手不管，也不应该对儿童过于保护——儿童就会获得正常的勇气。他既不会固执己见，也不会恃强凌弱，而是努力发展自主性，建立起良好的人际关系。其中一个重要的步骤就是想用自己的行动来说服他以前想要取悦的而现在则想要摆脱的权威，以证明自己获得了存在的勇气，证明自己是正确的。

罗洛·梅指出，一个人最终究竟要发展成为一个活生生的、有健康人格的人，还是发展成为一个唯唯诺诺、逃避现实、时时感到空虚，因而无法实现自己潜能的人，这是人格发展中一个至关重大的问题，它绝不是年龄增长问题。因为人迟早是要死亡的，它提醒我们，生命绝不会无限地延续下去。要使人在有生之年生活得更有价值，就应该使自己成为一个有创造性勇气的人。

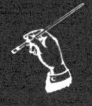

## 道德勇气与社会勇气

有道德勇气的人能认识到自己的需要、体验到别人的痛苦，同时也能理智地承认自己有可能犯错误。而缺乏道德勇气的人则恰好相反，当有人受到不公正的对待时，他们既不想卷入进去，也不想提供帮助，而是有意识地装作不知道。

社会勇气则是一种与冷漠相对立的勇气，是冒着丧失自我的危险而获得有意义的友情和亲密关系的能力。

友情和亲密是需要勇气的，因为得到它们不可避免地要冒着丧失自我的危险。例如，有时候为了维持友谊，个体不得不附和别人，说一些违心的话，做一些违心的事情。我们不可能从一开始就知道这种友情关系将会对我们产生什么样的影响。究竟是在与他人友好合作中实现自我的价值和成长，还是在不和谐的人际关系中使自我受挫甚至毁灭，这需要我们作出有勇气的自我选择。

## 生命的力量与善恶潜能

和其他人本主义心理学家一样，罗洛·梅也主张现实的人格理论必须研究人类的善和恶的潜能。在他看来，善和恶都存在于人的本性之中，都是人的潜能。但他又认为，人的善恶潜能在一定程度上反映了人的内在力量或权力（power），因此，力量才是形成善恶人格的基础，是促使人进行生命选择的基础。关于力量在人格发展中的作用，罗洛·梅是在1972年发表的《权力与无知》一书中提出来的。在这本书里，他把力量或权力定义为"是引起变化和阻止变化的一种能力。它有两个维度：第一，作为潜能或潜在力量的权力，这是尚未得到完全发展的力量或权力。是可以导致未来某个时间发生某种改变的能力。我们称这种未来的改变为可能性……第二，现实的力量或权力。"[1]它是一切生物存在和发展的基础，因为在这种力量或权力中包含着自尊和意义的斗争。人是最高级的生物，所以，力量或权力对于人和人格的发展当然是至关重要的。为了说明力量或权力对人格发展的作用，罗洛·梅阐释了人格中五种水平的力量，它们在每个人的身上都存在，并且能够随文化的发展而改变，在自我的体验中得到不同的发展。

---

[1] May R. Power and Innocence[M]. New York: Norton, 1972.

## 一、存在的力量（power to be）

存在的力量是表现在每个儿童身上的一种最原初的力量或权力。儿童在生存过程中会不断地提出自己的需要，并把自己的渴望当作一种反应表现出来，其目的主要是保证自己的生存。除了在儿童身上有这种表现之外，在人的一生中，和人的生命存在有关的这种力量或权力总是在不断地寻求需要的满足，直到生命终结。

## 二、自我肯定的力量（power of self-affirmation）

随着人的自我意识的发展，自我肯定的力量也得到了发展。在现实生活中，我们常常需要寻求自尊，希望自己的行为和人格表现能得到社会的认可，使自己的人生感到充实而有意义。有了这种力量或权力，才会使人形成一种坚定的自信，即相信自己是有价值的。在这一方面，父母适度的提醒和教诲以及外界的强化都有助于这种力量或权力的形成。

## 三、自我主张的力量（power of self-assertion）

这是当自我肯定受到他人权力的阻碍时所表现出来的一种较强烈的反抗形式，是人格不愿屈服于外界压力的象征。例如在家庭教育中，我们常发现一些缺位的父亲、强势的母亲，容易培养出焦虑或抑郁的孩子，孩子表现出来的焦虑或抑郁，实际上就是其自我主张的力量得不到正确引导，因而在潜意识中表现出来，是对父母不当教育方式的反抗。

### 四、攻击的力量（power of aggresiveness）

如果自我主张的力量在相当长时间内受到阻碍，就会使人产生这种攻击的力量或权力。它使人从自我主张地坚持"这是我的地盘，我站在这里，你只能到此为止，不能再靠近了"，而逐步转向对他人进行攻击或掠夺别人的东西，并声称别人的东西也是自己的。社会上发生的抢劫、杀人等反社会行为，甚至国家发动战争强占他国领土，都是这种攻击力量的表现。如果长时间地否认和压抑这种攻击性倾向，就会使人的自我意识减弱，甚至造成精神病、神经症或者采取暴力行动。这种攻击具有对外和对内两种形式，对外是对他人进行的攻击，在神经症中被称为施虐狂，对内在表现为自我攻击，如自残、自虐甚至自杀。

### 五、暴力（violence）

一个人长期受到压抑就会产生无力感，进而引起持续的焦虑，使人感到空虚。为了弥补心灵的空虚，有些人往往在暴力行为中寻求解脱。罗洛·梅认为，暴力可以使人产生狂喜的体验，仿佛在愤怒的暴力行为中使人产生了"自我的超越"。罗洛·梅把社会上流行的抗议、示威、静坐、游行、动乱、打砸抢等暴力行为，甚至警察抓人、战争中士兵杀人等，都视为暴力给人带来的狂喜体验。无论这种暴力有没有个人意义或社会意义，也无论这种暴力是否有效，它都是对长期压抑的一种最强烈的反抗，都会使人产生一丝愉悦，甚至强烈的狂喜。

罗洛·梅从当代西方社会的现实出发，总结归纳了以上五种不同水平的力量或权力在人格发展中的作用。从他的论述中可以发现，这些力量或权力既有消极的方面，也有积极的方面，它们确实是人格发展的基础。人们可以利用这些力量或权力来支配自己，操纵他人，以此来与他人竞争和抗衡，人们也可以用这些力量或权力来培养自己的人格，展示自我的力量。但是，力量或权力的极端形式——暴力——实际上却是无力量的表现，是一种心理症状的迹象。究其根源，罗洛·梅认为，这种无力量的症状主要来自社会的不公正。由于长期的压抑，使人感到生活无意义，人与人之间彼此疏远，因而常常被别人视为不完善的人。在这种情况下，为了填充备感空虚的心灵，人们便诉诸暴力和破坏，以求得心理的平衡。正如罗洛·梅所说："只要人们没有体验到自身的意义，就会出现暴力的动乱，每个人都需要某种意义感；如果我们的社会不能让人们实现这种意义感，那么他们将会以破坏性的方式获得这种意义感。我们面前的挑战是，找出能够让人们获得意义与认同的方法，这样破坏性的暴力便不再成为必然。"[1]

罗洛·梅相信，在人类社会的现实情况下，要使自我得到真正的实现，我们所需要的并不是无知的暴力，而是积极的自我肯定的力量。成熟的人善于运用这种力量与他人进行交往和分享，

---

[1] 梅.权力与无知:寻找暴力的根源[M].郭本禹,方红,译.北京:中国人民大学出版社,2013.

并且愿意为生活中的快乐与悲哀事件负责,因为他能认识到,我们每天都在向着虚弱和死亡前进,这使他更加珍惜生命的短暂与可贵。同时,有力量的人必须是富有同情心(sympathy)的人,这样他才能认识到自己生活在这个世界上是负有责任的,能为自己生命的存在和价值负起责任,能理解他人的欢乐与悲哀等。当然,这种同情心是人的内在力量的表现,因而和人的善恶潜能是密切联系的。正如罗洛·梅在和罗杰斯争论时所说,生命是善与恶的混合,人的本性是既善又恶的,它包括获得善,但又不和恶相分离。因为人是生物进化的产物,生物演化过程中的善和恶也都在其后代身上以遗传的形式被保留下来。我们不难发现,罗洛·梅对人类本性的看法是既包括善也包括恶的,因而是善恶兼而有之,这是他和其他人本主义心理学家的一个重大区别。

# 第五章 存在主义心理治疗

Chapter Five

罗洛·梅是一位心理医生,一个旨在治疗心理疾病,使人摆脱心理困扰、重新恢复健康心理生活的、从事私人执业的心理咨询和治疗师。他在毕生的心理咨询和治疗实践中,以存在主义哲学为基础,以精神分析研究为出发点,把欧洲的"存在主义心理治疗"引入美国,再经过他的改造,形成了美国的存在主义分析心理治疗。他对这种方法的研究和改造,经历了一个从探索、发现到创造、整合的过程,由早期主要致力于心理咨询、对焦虑的研究、对自我意识和人生意义的探索,逐步转向对人的意向性、创造性、自由与命运、人格健康和整合存在的研究。

罗洛·梅的存在主义心理治疗强调人的自由选择,强调人的意识活动在心理活动中的重要性,尽管他也在一定程度上非常重视潜意识因素的作用,因而也被称为存在-精神分析学家。在他的努力下,存在主义心理治疗已成为众多心理治疗方法中一支非常重要的力量。存在主义心理治疗的态度就是把人的现实存在作为最现实、最有意义、最合理的东西来接受；罗洛·梅认为这种现实存在是人认识自己及其内外部世界的一种方式，是其人生、价值和意义的根本所在。存在主义心理治疗的预先假设是强调人类个体的独特性，个体的自我意识、自由、焦虑、选择、责任心和寻求人生意义的需要是心理治疗的重点和线索，人在现实生活中的真实体验是探索心理存在的重要突破口。

## 造成心理疾病的原因

为了探索和解决现代美国人在20世纪中后期面临的这些新的心理问题，罗洛·梅从一开始就把眼光聚焦在对人生意义的探索上。因为在他看来，人是一个自由的个体，他具有自由选择的愿望和能力，有一种朝向整体存在的倾向性。现代人正是依据这种存在的倾向性才体验到人生意义的。而当时西方社会的现实，使许多人深感在庞大的社会机器面前个人力量的渺小、选择能力的丧失。人一旦丧失了自由选择的能力，个体存在的倾向性得不到实现，就会导致人生价值和意义的失落。因此，罗洛·梅在从事心理咨询和治疗之初，就把解决人生的存在感、生活的意义和价值问题，恢复人的自由选择能力等视为心理治疗的主要目的。

他认为，心理治疗就是寻求科学地理解人究竟是什么，人生的意义何在，通过对病人症状的分析来了解每个病人不同的存在方式，帮助病人意识到自己的完整存在，指导病人学会如何确立、维护和掌握他自己的存在，使病人通过内部心理的自我调节，重新追回失落的存在感，寻求人生存在的价值和意义。这就是罗洛·梅早期确定的心理治疗的基本目标。

罗洛·梅完整的存在主义心理治疗观点是在他50多年的心理治疗临床经验中逐渐形成和发展起来的。他早期的思想和晚期的思想虽然有些变化，但他致力于人生意义和存在价值探索的决心和基本观点并未改变。在这50多年里，他逐渐形成了一种与传统心理治疗观不同的看待心理障碍的方式。传统的观念往往依据某种诊断标签来确定患者得了什么样的心理疾病。罗洛·梅认为，造成现代人焦虑感和罪疚感增多的原因主要是存在价值感和人生意义感丧失，使空虚和孤独成为我们这个时代主要的心理疾病。一个人如果丧失了人生存在的目标，他就必然感到空虚，为了摆脱空虚无聊，个体可能会沉溺在各种近乎疯狂的、攻击他人或自我毁灭的行为中。罗洛·梅指出："人类不可能长期生活在空虚的条件下。如果一个人没有获得成长和发展，他就不仅仅会没有生气，那些被抑制的潜能还会滋生病态和绝望，最终变成毁灭性行动。"[1]

那么，造成现代人丧失了存在价值感和人生意义感的原因是什么呢？虽然罗洛·梅在一定程度上剖析了社会因素中人际关系的冷淡、社会生活的压力和社会分配不公等社会弊端，但是，面对西方社会的现实，作为心理医生的罗洛·梅既不可能提出有效的解决办法，也不可能通过改变社会现实来解决导致心理疾病的社

---

[1] May R. Man's Search for Himself[M]. New York: Norton,1953.

会根源，因此，他主要是从患者的内部因素来考虑的。在他看来，一个完整存在的人是有自我意识的，有意向性的，能够作出自由选择的，但是，由于各种复杂的原因，人们作出的选择有时可能会导致心理疾病。其原因在于：

**（1）选择有时会和来自潜意识根源的创造性脱离联系，从而引起焦虑。**例如，由于生活所迫，人们不得不选择每天重复同样的劳动，而过着没有创造性的生活。美国纽约的多家报纸曾报道过一件奇怪的事情：一位公交车司机开走了他驾驶的空车，直到好几天之后才在佛罗里达被警察抓住。他解释说，这是因为他厌倦了每天在同一条线路上行驶。

**（2）由于低自尊或感到生活无意义而导致人们无从选择，从而引发心灵空虚。**罗洛·梅认为，当时纽约市高中学生普遍存在的药物成瘾现象，或许就是由厌烦而导致绝望所致。因为这些青少年毕业后除了服兵役和置身于无法解决的经济状况之外，别无选择。

**（3）由于基本需要没有得到满足或基本力量受到挫折而导致选择能力减弱。**罗洛·梅引用美国《财富》杂志关于公司董事妻子角色的系列报道："好妻子好在无所作为——好在当丈夫工作到很晚时不抱怨，好在当工作调动时不唠叨，好在不参与任何有争论性的活动。"生活在这种状态下的妻子会感到空虚害怕。这种顺从几乎成为类似于宗教的东西，个体几乎无法作出任何不同的选择。

**（4）由于受到攻击和暴力而导致人的正常活动受到阻碍等。** 例如校园欺凌，对受害者来说，其正常的学习和活动都受到严重阻碍，长期遭受校园欺凌会使人产生严重的心理疾病。有些青少年为了适应这种状况，甚至从被欺凌者变成和欺凌者同流合污的人。

用罗洛·梅自己的话来说，"一个人所未曾使用过的潜能，在受到环境中（过去和现在）敌对状态的阻碍，或受到自身内部冲突的阻碍时，就会转向内部并引发疾病。"[①] 按照这种观点，罗洛·梅所理解的心理疾病和神经症就是个体在受到内外部现实的冲击时，为了避免焦虑所采取的一种适应手段，只是这种适应是以病态的方式表现出来的。这是罗洛·梅早期对心理疾病之原因的分析。

从20世纪60年代开始，罗洛·梅更加重视社会现实。在探索人类心理困境的现实时，他强调指出，现代西方社会的许多人感到与世界疏远，与他人疏远，特别是与自我疏远了。他们感到在避免核战争、推翻工业化和与其他人建立联系方面，个人的力量是无能为力的。在当时的美国，人们深感生活在一个被大工业吞噬、越来越没有人性的世界上是极其无意义的。这种无意义感更加导致了人与人之间关系的冷漠，导致了个体存在意识被严重削减的心理状态。

---

① May R. Man's Search for Himself[M]. New York: Norton, 1953.

那么，如何解决由于人生意义感丧失而引起的心理疾病呢？罗洛·梅认为，要想理解病人，就必须努力体验和探索病人的内部心理存在。这种不借助于任何理论和任何学派的观点，直接对来访者的内部经验进行体验和探索的方法，正是存在主义心理治疗的出发点。换句话说，存在主义心理治疗就是在体验和探索病人内部存在感的基础上，帮助他改变其存在的各种条件，从内外两个方面共同努力来解决心理疾病。因此，他指出："从本体论的观点来看……我们发现疾病就是个体用来保护其存在的一种方法。我们不能以通常过于简单的方式来假定，病人会自动地想要康复；相反，我们必须假定，直到构成他存在的条件、他与世界的关系发生了改变时，他才能允许自己放弃病症，获得康复。"①

罗洛·梅强调，心理治疗的目的之一是使病人从内心深处感到自己成了一个获得新生的人，通过治疗，帮助他扩充和发展了对自己的认识，重新获得了自由选择的能力，最终导致人的自由和责任感得到同步成长。

1981年，他在《自由与命运》（*Freedom and Destiny*）一书中明确指出："心理治疗的目的是使人获得自由。尽可能地使人免

---

① May R. Psychology and the Human Dilemma[M]. New York: Norton, 1967.

除症状……但最重要的是，我认为治疗师的作用就是帮助人们自由地觉知和体验到他们的潜在价值。"[1]罗洛·梅发现，神经症只是病人试图摆脱焦虑的一种不恰当的方式而已。或者说，当一个人对自己选择的有效性感到怀疑和没有信心时，他在接受外界标准时就会采用神经症的方式。这些症状和行为方式表明，在病人心灵深处还有一些没有得到利用的内在潜能。如果我们只是就事论事地企图帮助病人摆脱焦虑，而不发掘他的内在潜能，那是不能从根本上解决他的心理问题的。

那么，治疗师如何帮助病人重新恢复已经降低了的自由选择能力，重新成为一个自由存在、有意志、能选择、负责任的人呢？对此罗洛·梅认为，存在主义心理治疗所能提供的只有他们自己、他们自己的存在和人性。通过与病人建立一对一的相互关系，即医患之间的相互交往关系，设身处地帮助病人更多地觉知到自我及其存在感，才能使之更完满地生活在他们自己的世界中。罗洛·梅认为，这实际上也是向病人发起的一种挑战，治疗师要鼓励他们在体验到绝望、焦虑和罪疚时，能鼓起勇气对抗他们的命运。实际上，真正重要的是病人产生了对自己存在价值的认识和责任感，只有这样，他才能针对自己能被他人所接受这一事实，自由地选择应采取何种行动。

---

[1] 梅.自由与命运[M].杨韶刚,译.北京:中国人民大学出版社,2010.

当一个病人变得比以前更加自由、成为一个所谓的正常人的时候，也就是当他能自由地施展自己的选择能力，为自己的存在作出负责任的决定时，他的神经症症状常常会神奇般地消失不见；神经症焦虑就会让位于正常焦虑，神经症罪疚被正常罪疚所取代。

当然，自由选择也必然包含着行动。如果没有行动，一个人作出的选择只能是一种愿望（wish），或者说，是一种没有付诸实践的空想。作出选择之后，责任便伴随着行动接踵而至。因此，人的自由总是和责任相对应的。一个人若没有自由、无法进行自由选择，他就不可能有责任感，反之，一个没有责任感的人也不是自由的。健康的个体既欢迎自由，也欢迎责任，他们愿意作出自由选择，并为自己的选择负责。选择常常是痛苦的，有时会引起焦虑，甚至有可能使人陷入困境，因此，许多人知难而退，主动放弃了他们的某些自由选择能力。但罗洛·梅认为，其实这种放弃本身就是一种选择。一个人只要作出了某种选择，他就要为这种选择负责。因为这些选择是把自己作为独特的人类存在来看待，为自己的选择负责，就是为自己的存在负责。可见，突出自由选择是罗洛·梅心理学思想中的一大特色。

## 心理为什么会生病

　　人类不可能长期生活在空虚的条件下。如果一个人没有获得成长和发展，他就不仅仅会没有生气，那些被抑制的潜能还会滋生病态和绝望，最终变成毁灭性行动。

　　心理疾病和神经症就是个体在受到内外部现实的冲击时，为了避免焦虑所采取的一种适应手段，是个体用来保护其存在的一种方法。我们不能假定，病人会自动地想要康复；相反，我们必须假定，直到构成他存在的条件、他与世界的关系发生了改变时，他才能允许自己放弃病症，获得康复。

# 心理治疗的原则和阶段

根据罗洛·梅的观点，心理治疗师的任务是通过扩展那些感到心灵空虚和孤独的病人的自我意识与体验，使他们能更多地意识到自己的存在，意识到其发展的潜能。为了实现这些目标，存在主义心理治疗就必须要有基本原则，也必须经历一些必要的阶段。

## 存在心理治疗的原则

关于存在心理治疗的原则，是罗洛·梅在《存在心理治疗的贡献》（"Contributions of Existential Psychotherapy"）一文中提出来的，在此可概括如下：

### 一、理解性原则

罗洛·梅认为，存在主义心理治疗强调的主要是理解（understanding），而不是技术。然而，西方的主流心理学竭力模仿自然科学的模式，把人当作可以用来计算和数据分析的对象。许多西方心理学家认为对人的理解来自于技术，先有正确的方法，才能依靠这种方法获得的数据达到对人的正确理解。这种对技术过分强调的唯科学主义观点实际上在一定程度上妨碍了对人的正确理解。而存在主义心理治疗则坚持理解性原则，强调技术来自对人的理解，心理治疗师的任务就是理解病人在世界上的存在，也就是理解他的存在价值和意义，他对自己存在的感受。因此，一切技术问题都应从属于这一理解。

罗洛·梅得出结论认为，"存在的技术应该具有灵活性和多面性，随着病人的不同，以及随着同一位病人在不同治疗阶段的变化而变化。在某一时刻所采用的独特技术应在这些问题的基础上作出决定：什么将最好地揭示这位病人此时此刻在他的历史中的存在？什么将最完好地阐明他在世界上的存在？这绝不是'折中主义'，这种灵活性总是包含着对任何方法的潜在假设的一种明确理解。"[1]

### 二、体验性原则

罗洛·梅从存在本体论的立场出发，指出："心理动力学总是从病人自己的、当前生活的存在情境中获取其意义的。"[2]因此，心理治疗应该使病人亲自体验到他自己的自我关系世界，而不是医生的自我关系世界。罗洛·梅认为，这种体验应该是充分的，

---

[1] May R. Existence:A New Dimension in Psychiatry and Psychology[M]. (With E.Angel and H.F.Ellenberger). New York: Basic Books,1958.

[2] May R. Existence:A New Dimension in Psychiatry and Psychology[M]. (With E.Angel and H.F.Ellenberger). New York: Basic Books,1958.

包括意识到他自己的潜能,并使这些潜能发挥作用。显然,这一原则和心理治疗的疗效有关。

罗洛·梅一再强调,心理医生的责任不在于"治愈"(cure)病人的症状,而是如何帮助病人体验他自己的存在,因为心理症状的消除关键在于病人能否获得积极的心理体验,心理治疗的最大效用是帮助病人学会自我疗愈。如果我们把治疗的重点放在凭借外力"治愈"症状上,其疗效往往表现为对社会文化的顺应,只要使用相应的治疗技术就可以得到。但此时,病人接受的是一个没有冲突的有限的存在,把曾经引起他焦虑的那些当前情境完全放弃了。这是以放弃他对自己存在的体验为代价而获得症状缓解的,因此不是解决心理问题的根本方法。

### 三、在场性原则

罗洛·梅非常重视"在场性"原则。他认为,存在心理治疗要把医患之间的关系视为病人心理场域(psychological field)的一个组成部分。"治疗师与病人的关系被视为本真的关系,治疗师不仅是投影般的反射器,而且是一个活生生的人类存在,他在这一时刻所关心的不是他自己的问题,而是尽可能地理解和体验病人的存在。"[1]心理治疗师只有进入病人的这个关系场域,才能真正理解病人当前的存在情境。

---

[1] May R. Existence:A New Dimension in Psychiatry and Psychology[M]. (With E.Angel and H.F.Ellenberger). New York: Basic Books,1958.

医患之间的这种"在场"关系虽然十分重要,但这种关系也会引发医生与病人的焦虑。例如,弗洛伊德在精神分析治疗中强调要给病人准备躺椅,就是因为他无法忍受一天被人盯着9个小时,病人可能也经受不住长时间的眼睛对视。因此,心理治疗师要想减少自己的焦虑,最好的办法就是用所谓技术的眼光去看待病人。罗洛·梅认为,虽然这种办法方便而合乎情理,但单纯地利用技术进行心理治疗肯定会妨碍在场关系的正常发展。因此,在治疗中,治疗师一定要保持头脑冷静,一旦发现自己的表现生硬,或者有先入之见的倾向,就应该考虑到自己可能过分依赖技术了,可能会失去想象力和创造性。显然,建立良好的医患关系也是一种治疗的在场性体验。

**四、付诸行动(或承诺)原则**

这是一种使治疗师和病人都投身于治疗实践的原则。罗洛·梅认为,只有当医患双方亲身参与到创造真理的实践中时,才能在治疗中感受到真理。因此,"付诸行动(或承诺)原则的重要性不仅仅在于它是一件含糊不清的好事,或者需要在伦理上规劝人们去做的,而且还在于它是认识真理的一个必要的先决条件。"[1]这是因为,人的选择通常出现在认识之前,这种选择是人们趋向存在的一种态度。只有当病人学会选择正确的生活方向,并沿着这

---

[1] May R. Existence: A New Dimension in Psychiatry and Psychology[M]. (With E.Angel and H.F.Ellenberger). New York: Basic Books, 1958.

一方向作出付诸行动的初步选择时，他才能促使自己去寻求知识，探索真理和回忆过去。

他明确指出，一个人如何在此时此刻的现在以具体的行动投身于未来，决定着他对自己的过去能作出什么样的回忆，以及他选择过去的哪些部分作为影响其现在的因素。例如，罗洛·梅的一位病人在梦中意识到老板正在剥削他，于是在梦里的第二天，他决定辞去工作。罗洛·梅分析说，实际上这位患者是在突然辞去工作后，才允许自己在梦中感受到老板一直在剥削他。显然，这里作出的付诸行动的选择也带有个体潜意识的意味。

**存在主义心理治疗的阶段**

在心理治疗中，罗洛·梅把意向性（intentionality）视为人类存在的一种意志表现，认为意向性具有明显本体论特征，是一种独立的、完全自我核心的活动，是个体的自我在与世界的复杂关系中对自己未来发展方向作出的基本结构性认识。罗洛·梅把意向性概念应用于存在主义心理治疗中，从而进一步证明了为什么病人对自身的心理问题的认识只有在达到采取某种措施的程度时，他才能亲身感受到它。罗洛·梅认为，意向性是一种存在状态，是人的有意识意向和潜意识意向的基础。一个人有了明确的意向性，他才能使其在世界上的存在向着健康的方向发展，使他有能力增加自信心和对治疗师的信任。以这种认识为基础,他强调指出,治疗师的任务就是"意识到……在特定时间内病人的意向性究竟是什么"。[1]他还认为,不仅治疗师应该理解和阐明这种意向性,而且更重要的是帮助病人认识和理解这种意向性,并为此负起责任。通过对特定情况下病人的意向性及其朝向存在的主要倾向进行探索和阐述,最终达到使病人也能体验到他的特殊存在是什么,他是怎样表现和否定它的,以及使病人体验到自己的意向性,体验到自己有什么样的心理倾向。

罗洛·梅通过对这一过程的分析,提出了存在主义心理治疗的三个阶段。在他看来,心理治疗是一个完整的过程,在这个过程中包含着愿望、意志和决定这三个维度。而每一个维度实际上就代表一个治疗阶段。一个阶段可以被另一个阶段所超越、保留和结合,但不能被另一个阶段所取代。罗洛·梅相信,心理治疗是一个漫长的,甚至是痛苦的过程,它是在发生心理障碍的病人与受过良好训练的治疗师之间一种爱的心灵交会中进行的,是一个考察、澄清和寻求意义的过程。这个过程包含着愿望、意志和决定三个阶段,它们都有一个共同的基础,这就是一种基本的意向性,一种朝向有意义的存在感、积极的自我重建的治愈倾向。

---

[1] May R. Love and Will[M]. New York: Norton,1969.

## 一、愿望阶段

这一阶段和人的觉知有关，它可以为第二阶段的意志和第三阶段的决定提供内容。罗洛·梅认为，当人们在心理上产生了对愿望的压抑，形成了拒绝介入社会生活的态度，产生了无欲无望的厌烦感，甚至发展为绝望时，在心理治疗中，帮助病人把被压抑的愿望引到意识层面上来就显得尤为重要。罗洛·梅强调指出，在现代社会，"尽管人们怀着大量的愿望，但他们却只能消极地对待这些愿望或把它们隐藏起来。"[1]例如，一位病人总是想把自己的所有活动都进行合理化的辩解，在各种愿望之间进行权衡，一再地对此进行规划再规划，甚至相信对愿望的否认才会导致愿望的满足。在罗洛·梅看来，出现这种问题的原因常常是由于人们对自身脆弱性抱有焦虑。因此，治疗师必须努力启发病人意识到自己是有愿望的。

要做到这一点，就必须使病人注意到自己的全部自我，使他们产生愿望和满足愿望的能力，使他们注意与他人、与周围世界和各种情境的关系，以便获得某种情感上的活力与本真的（authentic）存在感。罗洛·梅发现了病人的两种心理倾向：病人对自己愿望的高度觉知和意识既有可能使自我脆弱的焦虑更加强烈，也有可能增加病人欢乐与幸福的希望。反之，为了避免愿望受到挫折或

---

[1] May R. Love and Will[M]. New York: Norton, 1969.

失望，从而使病人压抑和否认自己的愿望，有些病人只能降低自己创造性生活的可能性。针对这两种倾向性，罗洛·梅指出，在这一阶段心理治疗的目标是使病人体验到他的愿望。但这并不是治疗的结束，而是治疗的真正开始。

**二、意志阶段**

罗洛·梅把这个阶段称为"使认识质变为自我意识"的阶段，显然，这一阶段和人的自我意识有关。治疗就是使病人产生"自我意识的意向"，把上一阶段产生的愿望提升到一个更高的意识水平上。罗洛·梅把这一阶段的特点描述为，使病人承认自己是一个具有某种愿望或欲望的人，一个拥有世界的某一方面的人，一个相信能以自己的愿望为世界做点事情的人，一个能够向别人传达和分享他所感觉、思考、看到和听到的事物的人。人类的创造性正是表现在这一阶段。

**三、决定和责任感阶段**

罗洛·梅认为，在这一阶段，心理治疗的目标是达到负责任的自我实现、自我整合与成熟。实际上，这就是罗洛·梅在其早期人格意象中所强烈坚持的信念。这种朝向自我实现、自我整合与成熟的人不仅能决定自己的行动和具有朝向存在的决定倾向，而且具有责任感。责任感也包含着两个维度：一个是对其他在"实现长期目标"过程中的"重要的他人"（如重要的亲人、领导或朋友）的关注；二是勇于为此作出反应并负起责任。

罗洛·梅指出，这一阶段并不否认前两个阶段的愿望和意志，相反，这一阶段的决定与责任包含着并且超越了愿望和意志阶段，并从中创造了一种生活与行动的模式。当病人开始对其自我世界中的愿望、意志行动和决定表示关注并负起责任时，即当他不仅关心他人，关心自己，而且积极地看待和关心具有不可分割关系的双方时，第三个治疗阶段的目标才算达到。罗洛·梅相信，人类有能力超越仅有自我倾向的愿望和意向，能关注别人和诚实地看待他自己，在安排自己的长期目标时也能把别人放在心上，在获得和达到这些目标时能与别人共同分享欢乐与满足。总之，人类完全有能力实现自己的潜能。从这种能力中罗洛·梅也看到了人类道德的曙光。

## 赫钦斯夫人的案例

罗洛·梅在他晚年出版的《存在的发现》一书中，曾提供了一个实际的分析案例，来说明他对存在主义心理治疗的最新假设和原则。这就是赫钦斯夫人（Mrs. Hutchins）的案例。

关于赫钦斯夫人的分析案例，罗洛·梅早在1959年辛辛那提召开的关于存在主义心理学的特别研讨会上就做过说明，后来在他主编的《存在主义心理学》（1961）一书中发表。值得注意的是，在那次研讨会上，美国人格心理学家奥尔波特曾对这个案例的分析提出过批评。他认为，罗洛·梅对赫钦斯夫人病状的描述就是人们所熟知的弗洛伊德式的描述，其中包含着关于反向作用（reaction formation）、移置（displacement）、升华（sublimation）和投射（projection）等自我防御机制的理论。因为在他看来，在赫钦斯夫人的潜意识中充满了弗洛伊德式的观念，而不是存在的观念。[1]1983年，罗洛·梅重提此案例，并对此案例做了存在心理治疗的精心阐释。

赫钦斯夫人是一位30多岁的生活在城市郊区的妇女，她患有喉部癔病性紧张症，因此她总是用嘶哑的声音说话。罗洛·梅在对这个病人进行分析时发现，赫钦斯夫人感到，如果她向别人，特别是向她的父母讲述一些她确实相信的东西，或者她自己的真实感受时，她常常会受到否认或遭到拒绝。由于经常处于这种尴尬的境地，她最后得出结论认为，还是缄口不言更为安全些。罗洛·梅早期的分析认为，这位病人的心理问题是有其童年期根源的。因为在她小的时候，她就经常受到母亲和祖母的严厉批评。为了保护自己免受批评指责，结果她患上了癔病性喉部紧张症。显然，罗洛·梅这时的分析确实带有弗洛伊德精神分析的痕迹，其中，

---

[1] May R. Existential Psychology[M] .New York:Random House,1961.

关于童年期心理创伤和俄狄浦斯情结（Oedipus complex）[①]的意味是相当浓厚的。在后来的分析中，罗洛·梅感到，对她的治疗最重要的方面并不是作出这种解释，而是应该认识到，这个正在产生某种心理体验的人此时此地就"跟我在一起，在这间屋子里"。她和大家一样，也是有自我核心的。换句话说，她是通过以嘶哑的声音说话而企图保护她的存在，通过对自己行为的过分控制和努力使之适合于别人的要求来保护自己的存在。

在分析过程中，赫钦斯夫人说，她曾做过一个梦，梦见她在飞机场的一座尚未建成的楼房内逐屋地寻找一个婴儿。当她找到这个婴儿时，她就抱起这个孩子，把他包在自己的衣服里。这时，她的心里充满了焦虑，因为她担心这样会把婴儿闷死。回来后，她高兴地发现婴儿还活着。但是，随后她却产生了一种可怕的想法："我会把他杀死吗？"

罗洛·梅在对这个梦进行分析时发现，这幢楼房建在一个飞机场附近，赫钦斯夫人在20岁时曾作为飞行员在那个飞机场学习过单人飞行，这时她的行动表明，她已经开始摆脱了自己的父母。梦中的那个婴儿可以比作是她的小儿子。由于她经常把儿子和她自己相认同，因此，也可以认为梦中的婴儿就是她自己，或者说，

---

[①] 也被译为"恋母情结"，是精神分析理论术语。源自希腊神话俄狄浦斯杀父娶母的故事。弗洛伊德认为3—6岁儿童的人格正处在男性生殖器崇拜阶段。此时男孩对母亲有强烈的依恋性，将母亲看作爱恋的对象，想要讨好她并占有她，而将父亲看作竞争对手并对其表现出攻击意识。

这个婴儿就是她的正在发展中的某种意识的象征，赫钦斯夫人认为这种意识就是她所谓梦中"杀人"的念头。

那么，为什么她会产生这种意识呢？经过进一步分析，罗洛·梅发现，当赫钦斯夫人6年前来接受治疗时，她已经脱离了她父母的宗教信仰，加入了另一个教会，但她不敢把这个教会的名字告诉严厉的父母。虽然在治疗过程中，每当罗洛·梅提到这个问题时，她就认为应该告诉自己的父母。为此，她感到自己十分懦弱，而且她经常报告说，她感到内心也很空虚，为此她不得不时常在躺椅上躺上几分钟。最后，她终于写信给她的父母，告诉他们她已经改变了自己的宗教信仰。她还在信中声明，想要让她再改变主意是不可能的了。在做了这件事情之后，赫钦斯夫人的心理症状有了很大好转。后来，在另一次治疗期间，她告诉罗洛·梅，她有时感到非常焦虑，怀疑自己是否会得神经症。罗洛·梅在分析时告诉她，他认为这种结果是几乎不可能发生的。最后，罗洛·梅分析认为，赫钦斯夫人的空虚和焦虑是企图扑灭浮现在她头脑中的杀人意识。她正在力求接受她对其母亲的痛恨，以及她的母亲对她的痛恨，力求把她自己从母亲的痛苦支配下解脱出来，并且为自己的意志选择和行动承担责任，尽管这样做并不一定总能获得最好的结果。总之，赫钦斯夫人正在逐渐主动地正视自己的存在感和自由选择，认识到自己行动的意向性，从而使她有可能获得完整的独立性，获得积极成长和健康发展的生活方式。

从这个案例的分析中，我们不难发现，罗洛·梅的心理治疗观是从精神分析向存在主义分析转化的。罗洛·梅一生历经50多年的心理咨询和治疗实践，通过锲而不舍的理论研究和不懈的实践探索，他终于从一个深受精神分析影响的心理咨询师成长为一名独具特色的存在主义分析心理治疗学家。

## 善与恶,都不能随意铲除

就总的思想倾向而言,罗洛·梅和人本主义心理学的主要代表马斯洛、罗杰斯等人具有许多一致之处,例如,他们都把作为主体和整体的人放在心理学研究的首位,都重视人的价值、尊严、内心体验、责任感、选择性、创造性、自我实现等,在方法论上都坚持存在主义哲学的本体论和现象学方法论,反对生物还原论和机械论等,因此他们都属于广义的人本主义心理学阵营。

但是,在人本主义心理学内部存在着各种不同观点的分歧,其中以马斯洛和罗杰斯等人为代表的自我实现说,和以罗洛·梅、布根塔尔等人为代表的自由选择说是当时两个影响最大的理论分支。1970年马斯洛去世以后,罗杰斯成为人本主义心理学的主要代言人。20世纪80年代,罗洛·梅和罗杰斯在人性问题上进行了公开的辩论。争论的焦点在于人性善还是性恶。罗杰斯主张人性是善的,恶是由环境造成的。罗洛·梅把存在主义哲学的性恶论和人本主义心理学的性善论结合起来,认为人性是既善又恶的,它们都是人类的潜能。因此,在心理治疗中不能只注意人性中善的一面，也要注意恶的问题，才能更全面地理解人类本性，并据此确定治疗的目标。

## 原始生命力是建设性和破坏性冲动的源泉

罗杰斯在评论罗洛·梅的人性观时，认为罗洛·梅"把魔鬼之性（the demonic）看作是人性构成中的一个基本元素"，这个魔鬼之性是人类本性中恶的源泉。但罗洛·梅反驳说，他使用的并不是"demonic"一词，而是"daimonic"，这个词的意思是指原始生命力。他说："这个原始生命力是每个人身上所具有的肯定自我、坚持自我，使自我永恒和增强自我的一种渴望，当原始生命力控制了整个自我，而没有注意到那个自我的整合，或者无视他人的独特性和欲望，无视他人对整合的需要时，它就会成为一种邪恶。此时它就表现为富于攻击性、充满敌意和残酷——即我们自身中那些令我们深深恐惧，但我们随时都在防范和压抑，并很可能会投射给他人的那些东西。但这些东西不过是确证我们的创造性的同一事物的另一面。"[①]

在罗洛·梅看来，原始生命力是人性中的基本潜能，它具有善恶两面性。如果受到增强自我的欲望的驱使，它就会成为人的

---

① May R. Love and Will[M]. New York: Norton, 1969.

建设性冲动的根源，若把它和人格相结合，就会使人产生创造性，从这个意义上说，原始生命力是人性善的方面。如果人对这种欲望失去了控制，就会使人产生各种破坏性冲动，如采取暴力行动、强迫的性行为、战争中的集体偏执狂，以及青少年的某些过激行为等，从这个意义上说，原始生命力又是人性中恶的方面。罗洛·梅进而指出，无论是善的方面还是恶的方面，都是不能随意铲除的。倘若否认了人性中的恶，要么会使前来寻求咨询和治疗的人感到失望，因为治疗师未能正确地理解他们；要么一旦铲除了人性中的恶，恐怕人性中的善也会随之荡然无存。因为善与恶是同一人性中的两个方面，二者是不可分离的。心理治疗应该让人们警惕和适度压抑人性中的恶，积极发掘和彰显人性中的善，这和现实社会中的惩恶扬善的目的是一致的。

## 文化中的善与恶是人性善恶的反映

罗杰斯主张人性本善论。在他看来，人类的恶是由于社会文化造成的。罗杰斯明确指出："在有利于成长和选择的心理氛围中，我从未听说有任何人选择残暴的或破坏的道路。选择似乎总是趋向于社会化，改善与他人的关系。我的经验使我相信，文化的影响才是造成恶劣行为的主要因素。生育的粗陋方式、婴儿和父母的经验混杂、教育系统的约束性和破坏性影响、财富分配的不公、对于不同于我们的人抱有很深的偏见——所有这些和许多其他因素才使人的有机体转到了反社会的方向。"[1]

罗洛·梅强烈反对这种观点。他认为文化本身无所谓善恶,它的善和恶的表现都是由人的自我本性构成的。因为文化是由人创造的,所以文化中的善恶是人类自我本性的反映。例如,我们的教育制度不是由人类自己创立的吗?西方社会现有的经济制度导致财富分配不公,这种经济制度不也是人类的诸多自我集体创造的吗?罗洛·梅相信,"文化的善与恶是因为构成文化的我们这些人是善的或恶的。我们的文化之所以在一定程度上是破坏性的,是因为我们生活在其中的这些人在一定程度上是破坏性的。"[2]罗洛·梅引用米尔格拉姆(S.Milgram)在耶鲁大学的"电击惩罚"

---

[1] Rogers C R. Reply to Rollo May's Letter to Carl Rogers[J]. Journal of Humanistic Psychology, 1982, 22(4): 85-89.
[2] May R. The Problem of Evil: An Open Letter to Carl Rogers[J]. Journal of Humanistic Psychology, 1982, 22(3): 10-21.

实验[1]和津巴多在斯坦福大学的"囚徒"实验[2]来说明人性中天生就具有某种破坏的邪恶能力，它潜伏在人的心灵深处。那些接受实验的大学生被试彼此之间本无任何仇恨，但在实验中他们却表现出许多令人震惊的恶行。罗洛·梅认为这不是由于文化造成的，在他看来，"如果这些倾向不是已经存在于我们之中，文化就不可能具有这些影响，因为，我再说一遍，是我们构成了文化。当我们把恶的倾向投射于文化时——如我们在压抑自己的欲望时的所为——恶就成为文化的过错而不是我们自己的过错了。"[3]

另外，罗杰斯认为，当时欧美发达国家的社会文化表现为物质的丰富和生活的富足。现代社会充斥着商业化和技术化，使人类进入了从未有过的"精神孤独"时代。由于人的本性是善的，是趋向

---

[1] 美国心理学家米尔格拉姆于1963年设计的实验。实验时，要求担任"教师"的被试布置一系列语词配对的记忆测试任务，担任"学生"的被试如果没有配对正确就要接受电击惩罚。随着学生错误率的增加，电击强度增加，学生作出痛苦的反应，如尖叫、敲墙壁等。结果发现，面对学生的痛苦反应，近2/3的扮演"教师"的被试服从了实验者的要求，逐步提高电击强度，这一比例超出了实验者的预料。

[2] 这是1971年美国心理学家菲利普·津巴多在斯坦福做的监狱实验。他招募了24个志愿者，分别扮演囚犯和看守，目标是考察权威之下，人可以变得多么残暴（对于看守），或可以变得多么逆来顺受（对于囚犯）。囚犯和看守很快适应了自己的角色，一步步地超过了预设的界限，做了很多危险和造成心理伤害的事情。1/3的看守被评价为显示出"真正的"虐待狂倾向，而许多囚犯在情感上受到创伤，有几人不得不提前退出实验。津巴多得出结论认为，个人的性情并不像我们想象的那般重要，善恶之间并非不可逾越，环境的压力会让好人做出可怕的事情。

[3] May R. The Problem of Evil: An Open Letter to Carl Rogers[J]. Journal of Humanistic Psychology, 1982, 22(3): 10-21.

自我实现的，因此，罗杰斯不无幻想地做起了建构"纯文化"（pure culture）的美梦。他说："我们的文化，愈益依赖于对自然的征服和对人的控制，正处于衰弱之中。在废墟上涌现出来的将是新人，他们是高度觉醒的、自我指导的……这一涌现着的新人最终将培育出一种文化，它在一切人与人的关系中趋向于无防范的开放，加强对作为一种身心统一体的自我的探索，更珍视他或她作为一个人的本来面目。"[①]罗杰斯勾画了一幅美好的人类社会文化的蓝图，希望以他的自我成长的人本主义心理学建构一个崭新的世界，他也相信人性中的善终将不可抗拒地逐渐改变我们的文化。

对此，罗洛·梅批评罗杰斯"太天真了"。在这样一个世风日下、道德观和价值观沦丧的时代，美国的自杀率在20世纪50年代到80年代之间大幅上升，世界上各种大大小小的局部战争不断，核战争的威胁时时笼罩在人们的心头，心理疾病的发病率逐年提高。而且，世界正面临着食物短缺和饥馑。面对这样的现实，谁还能相信人性中的善与社会文化的事实是一致的呢？美好的生活蓝图何以未能阻止住居高不下的自杀率和心理疾病的发生率呢？当然，罗洛·梅强调人性中的恶的因素，并不意味着他否定人性中的善。他承认社会中有许多值得称道的英雄行为和利他行为，他认为这也是人类本性的反映。因此，他主张人类本性就是由一系列善与

---

① 林方.人的潜能和价值[M].北京：华夏出版社,1987.

恶混合而成的潜能组成的。他说："从我认真看待的那些情景看，在人类的发展中既有善也有恶。"[①]

## 人性善恶与心理治疗

由于对人性善恶的理解不同，罗洛·梅和罗杰斯对待心理治疗也采取了不同的观点。罗杰斯人本主义治疗的核心是，主张每个人天生就有一种机体自我成长的能力。只要他不受外界虚假的价值观和来自他人的道德完善论的侵害，那么，有机体成长的目标就是健康的和非毁灭性的。他认为人的天性是善的，或者即使不是善的，也是在道德上中性的（既不善也不恶）。反映在心理治疗上，罗杰斯提出了来访者中心治疗（client-centered therapy），主张让来访者自己对其经验世界进行现象学分析，这主要依赖于治疗师帮助来访者学会进行自我体验，并鼓励和指导来访者在生活中进行自我奋斗。因此来访者中心治疗的目的是尽可能忠实地反映来访者的现象世界。治疗过程包括以下三个基本成分。

### 一、真诚一致（congruence）

指心理治疗师自我实现的能力是表里一致的，这种真诚一致无需治疗师进行表述就能使来访者意识到并且感觉到很舒服，治疗

---

① May R. The Problem of Evil: An Open Letter to Carl Rogers[J]. Journal of Humanistic Psychology, 1982, 22(3): 10-21.

师要慎重地表现消极的情感，如厌倦、不高兴、与来访者疏远等，否则会使来访者在表述中发生微妙的转向，而不利于治疗的成功。

## 二、设身处地的共情（empathy）

指治疗师对尽可能密切地把握和坚持来访者的参考框架感兴趣。医患双方都不应该把来访者某种行为的所有方面都体验为有敌意的或依赖性的，治疗师也不应主观武断地教给来访者一套新的价值观或参考框架。而是要求治疗师和来访者共同分享某种知觉体验，使来访者学会真正地接受和尊重他自己。

## 三、无条件积极关注（unconditioned positive regard）

指治疗师对来访者采取一种温暖的、积极的和接受的态度，就像父母对待孩子的情感一样。这种积极关注越是无条件的，就越有助于形成一种促进来访者个人成长的氛围。这意味着对来访者表达一种真诚的爱，使来访者愿意公开地展现他目前的任何真实情感。

对于罗杰斯倡导的来访者中心治疗，罗洛·梅在肯定其基本价值的同时，也指出它"有一个明显的疏忽。那就是采用来访者中心治疗的治疗师没有（或不能）处理来访者的愤怒、敌意、消极——即恶——等情感。"[①]使用来访者中心疗法，就连治疗师本人也必须遏制自己的恼怒、厌烦，甚至攻击行为等，以至于来访者在如

---

① May R. The Problem of Evil: An Open Letter to Carl Rogers[J]. Journal of Humanistic Psychology, 1982, 22(3): 10-21.

此友好的治疗师面前，也不好意思发泄他的愤怒了。或者即使发泄出来，治疗师也会温情地对待这类粗鲁行为。对此，罗洛·梅认为这样做无异于从来访者那里拿走了他想要变得独立的可能性。因为来访者的愤怒是其行为动机中的一个基本成分，如果来访者在治疗中通过自己的某些消极行为而引起医生的愤怒反应，这反而"有助于来访者体验到他们的行为对于他们与人相处一般会产生什么样的影响"。[1]

罗洛·梅相信人性是既善又恶的，因此，在心理治疗中，就不能只表现善或恶的某些方面，而且还必须要通过心理治疗而使这种善或恶得以引发出来。无论是治疗师还是来访者，认识和承认自己的恶，并设想出对付恶的方法，才能最终使人认识到恶及其所造成的破坏性影响，从而通过法律约束和道德自律来惩恶扬善，提高社会的文明水平。罗洛·梅明确指出："恶的问题——或者毋宁说，不正视恶的问题——对于人本主义心理学有很深的，在我看来则是有害的影响。我确信，它是人本主义运动中最严重的错误。"[2]

尽管罗洛·梅承认人性中存在着恶，但他并不是一个完全的悲观主义者。他相信悲剧（tragedy）的力量，这大概和他青年时

---

[1] May R. The Problem of Evil: An Open Letter to Carl Rogers[J]. Journal of Humanistic Psychology, 1982, 22(3): 10-21.

[2] May R. The Problem of Evil: An Open Letter to Carl Rogers[J]. Journal of Humanistic Psychology, 1982, 22(3): 10-21.

代所接受的艺术教育有关。在他看来,悲剧能表达人的高尚,生活中若没有悲剧,就会显得苍白而没有意义。正是因为人生有悲剧,才使人更加珍惜在世的生活,努力活出人生的价值,这就是罗洛·梅悲剧性的乐观主义人生观。

# 自由与命运

进入20世纪80年代，罗洛·梅进一步指出，健康的爱还需要肯定人的自由和命运。健康的个体既能表现他们的自由，又能勇敢地面对其命运。他在1981年出版了《自由与命运》一书，对这两个主题做了最后的结论性说明。

罗洛·梅从一开始就坚持认为，富有创造性的、健康的人应该是自由存在的个体。自由是人类最重要的属性之一。人类之所以成为具有独特性的、有高度智慧的生物，就是因为人类具有选择的自由。不过，罗洛·梅认为在人类身上，自由只是作为一种潜能存在着。在许多人身上自由不但没有得到发展，反而由于种种原因而受到否认和压抑。由于失去选择的自由而导致的心理疾病愈益增多，这使罗洛·梅认识到，在号称"自由世界"的美国社会，现代人并不是真正自由的。

## 自由概念的存在主义心理学解析

作为存在主义心理学家，在对待自由的看法上，罗洛·梅也和存在哲学家们一样，把自由看作是人类存在的基础。早在20世纪30年代出版的《咨询的艺术》一书中，他就把自由看作是人类存在的一个完整而明确的成分，是"人的全部存在的性质"。1967年在《心理学与人类困境》一书中，他对自由下的定义是，"自由是个体认识到他是个被决定的人"。在这个定义中，"被决定的"（determined）一词的含义已预示了罗洛·梅后来在《自由与命运》（1981）中所谓"命运"（destiny）一词的基本含意。因此，他把自由最终理解为：自由来自于对我们命运的理解，即理解到死亡在任何时候都有可能发生，理解到我们是男人或女人，理解到我们有人类存在自身固有的弱点，理解到我们童年早期的经验使我们倾向于以某种行为模式做事。

按照这种理解，自由显然是变化的，是我们人类存在中的变化的可能性，尽管我们并不知道可能会发生什么样的变化。因此，罗洛·梅指出，自由"必须能够包含人的心灵中的不同的可能性，即使当时还不清楚一个人必须以什么方式采取行动"。[①]由于不知道可能会发生什么样的变化，因此常常使人们的焦虑增加。不过，

---

① May R. Freedom and Destiny[M]. New York: Norton, 1981.

罗洛·梅认为这种焦虑是正常焦虑，是健康人所欢迎的，并且能控制的那种焦虑。

## 自由的表现形式

罗洛·梅认为自由有两种表现形式：即"存在的自由"（existential freedom）和"基本的自由"（essential freedom）。存在的自由指一个人有行动的自由，做事情的自由，就像一个人在商店里停下来购买一件商品时所体验到的那种自由。基本的自由则是指人生存的自由，是人们面对命运时所产生的一种深刻的内心思考，它表现在人的心理内部，是在更深刻理解人的命运时产生的一种自由。

罗洛·梅劝告人们，千万不要把存在的自由与存在主义哲学的自由相混淆。在他看来，这种存在的自由是大多数中产阶级的美国人都喜欢拥有的。他们愿意自由地乘飞机在全国乃至世界各国飞来飞去，愿意自由地选择自己的合作伙伴，愿意自由地投票选举他们在政府中的代言人，等等。具体到日常生活中，他们可以自由地到任何商店里去购物，从琳琅满目的商品中选择他们中意的商品。这种自由是不需要别人干涉的，因而是现代人的一种随心所欲的自由。实际上，这种存在的自由就是一个人在作出生活中的选择行动时的自由。

罗洛·梅认为，一个人仅有存在的自由并不能保证其基本的自由。实际上，有时拥有存在的自由反而使基本的自由更加难以获得。罗洛·梅以那些在集中营里做过囚犯的人为例，指出人们被单独囚禁在监狱里或者被剥夺了自由时，他们才开始认真地考虑他们的命运，从内心体验到一种想要生存的自由，也就是许多囚犯都曾慷慨激昂地谈到过的"内在自由"。当然，我们不需要为了获得这种内在自由而把人们囚禁起来。罗洛·梅尖锐地指出，其实，命运本身就是我们的监狱——我们的集中营。通过对自己命运的认真思考，我们就会较少关注做事情的存在自由，而较多地关注具有更深刻内涵的基本自由。他说："我们的命运是对我们生命的设计，难道其吸引力不正是在于用监禁、节制、甚至有时候是残忍的方式来束缚我们，迫使我们超越日常行动的限制来进行思考吗？无论我们是年轻还是年长，难道死亡这个不可避免的事实，不正是我们所有人的集中营？生活是一种欢乐同时又是一种束缚，这个事实难道还不足以驱使我们考虑生命存在的更深刻方面吗？"[1]至此，我们业已发现，罗洛·梅所谓的自由已不是一般意义上理解的行动的自由，而是和命运密切联系的、具有更深刻意义内在自由。从这个意义上说，人必须为自己的生存而不懈地奋斗，在与命运的抗争中获得真正的基本自由。

---

[1] May R. Freedom and Destiny[M]. New York: Norton, 1981.

## 对命运的解读

既然基本的自由是人们面对命运时的一种内心深刻反思,那么,命运究竟是什么?它和自由之间存在着什么样的关系?它究竟是怎样赋予自由以深刻内涵的呢?对这些问题,罗洛·梅都做了他自己的明确解答。

首先,他把命运定义为"构成生活中的'天赐之物'的局限性与天赋的模式。这些可能在一个大的尺度上,就像死亡,或者在一个较小的尺度上,例如石油短缺。"[①]就一个人最终的命运而言,其最终归宿是死亡。但是,就较小的方面而言,我们的命运还有第二种"注定的东西",指人的生物遗传属性,例如人的智力、性别、体形、力量以及有可能患某种疾病的发生学上的预先倾向等。另外,心理因素和文化的因素都有可能影响我们的命运。

其次,命运的最终归宿虽然是不可避免的死亡,但命运并不是预先注定的。一方面,死亡是我们的目的地,我们的终点站,但在我们命运的限度之内,我们仍然有能力作出自由选择,正是这种自由选择才使我们能够迎接命运的挑战。显然,罗洛·梅并不是个宿命论者,他把命运和人的自由选择能力结合在一起,赋予命运新的含义。当然,由于命运的存在,我们也不可能有无限

---

① May R. Freedom and Destiny[M]. New York: Norton, 1981.

度的自由，不可能在任何工作上都获得成功，不可能把任何疾病都控制住，也不可能和任何人都保持完满的关系。他说："我们的命运不可能被抵消；我们不可能消除它或用任何别的东西来取代它。但是，我们可以选择怎样作出反应，选择我们将怎样在有生之年作出超越我们智能的活动。"[1]

最后，自由与命运的关系，就像爱与恨、生与死之间的关系一样，是一种对立统一的辩证关系。人们通过与命运的交会而得到很多的可能性，通过对命运的省思而作出自由选择，就像白天战胜了黑夜，光明接踵而至。"自由与命运之间辩证关系的意义在于，即便它们是对立的，但它们仍然结合在一起。它们相互隐含着。如果命运改变了，自由就必然改变，反之亦然。"[2]自由和命运就是这样无情地交织在一起，换句话说，这是一个对立统一体的两个不可分割的方面，若失去其中的一方，另一方也就失去了存在的可能和意义。没有命运的自由是一种放纵，而放纵的最终结局都往往会导致混乱无序和自由的最终毁灭。过去几年来在号称民主自由的欧美国家发生的新冠肺炎疫情的肆意泛滥和无数生命的丧失，或许就是对罗洛·梅这种观点的最好诠释。从这个意义上说，没有命运，也就没有自由。但是，若一味相信命运，没有任何自由，那么，命运的存在也就失去了意义。因此，

---

[1] May R. Freedom and Destiny[M]. New York: Norton,1981.
[2] May R. Freedom and Destiny[M]. New York: Norton,1981.

自由与命运是相互依存的。当我们向命运挑战时，我们便获得了自由，而当我们获得自由时，我们就是在命运的边界线上奋斗着。

## 存在自由与基本自由


自由有两种表现形式：存在自由与基本自由。存在自由指的是一个人的行动自由，就像一个人在商店里停下来购买一件商品时所体验到的那种自由。基本自由指的是在更深刻理解了命运时产生的一种内在自由。

这种内在自由的获得，首先需要一个人承认自己的命运，承认他有自己不可改变的生物的、社会的和心理上的局限性（比如不够出众的外貌，或有缺憾的原生家庭）。其次，他必须有勇气在这些局限性之中作出自由的选择。自由，正是来源于个体与命运的抗争。

## 菲利普的自由与命运

为具体地理解罗洛·梅关于自由与命运的观点，在这里我们不妨以他的一位病人的案例来说明，看看罗洛·梅是如何依据他对自由和命运的理解来进行心理治疗的。

这位病人的名字叫菲利普，他曾两次结婚，又两次离婚。他在50多岁时成了一名成功的建筑设计师，这时他认识了一位40多岁的女作家妮古拉。两人相识6个月以后，在一个避暑胜地度过了一个田园诗般的夏天。当时，妮古拉的两个儿子与他们的父亲在一起，而菲利普的三个孩子已经成年，完全可以自己照顾自己了。在夏天开始的时候，妮古拉曾向菲利普谈起要和他结婚的事，但菲利普回答说他不同意结婚，理由是他以前有过两次不成功的婚姻。除了这次谈话引起一点不愉快之外，在整个夏天他们都过得很愉快。对此菲利普感到非常满意，他感到两人在一起做爱也是他所体验过的最满意的时刻，常常使他达到心醉神迷的状态。除了两人之间富有理性的讨论和性的刺激之外，菲利普和妮古拉还能够富有创造力地从事各自所喜爱的工作。

在这个浪漫的夏季结束之后，妮古拉独自一人回到家，把她的孩子安排到学校。在她回家之后的第二天，菲利普打电话给她，但她的声音听起来却很奇怪。第二天早晨他又给她打电话，感觉到似乎有人和她在一起。那天下午他一连打了好几次电话却都是占线的忙音,当他终于打通电话时,他问她那天早晨是否有人和她在一起,妮古拉毫不犹豫地回答说,她上大学时的一位老朋友克雷格一直和她在一起,而且她已经与他相爱了,并打算在这个月底与克雷格结婚,并搬到另一个城市去住。

闻听此言,菲利普如雷轰顶,他有一种遭受背叛和被抛弃的感觉。他的体重锐减,又恢复了吸烟,而且严重失眠。当他再次见到妮古拉时,他向她表达了愤怒和不满。尽管他一生中很少发火,但这次失恋确实使他自己也感到非常吃惊。妮古拉回答说,她仍然爱着菲利普,答应当克雷格不在时她仍然会来看他。终于有一天,妮古拉与克雷格分手了,并告诉菲利普她再也不离开他了。这使菲利普感到十分惊讶,但是,他还是接受了她的建议,因为他确实需要妮古拉。

大约一年之后,菲利普听说妮古拉又有了新欢。不过,在他与妮古拉相见并打破这种关系之前,他不得不因事出差离开五天。等他回来后,他已经在态度上有所改变,承认他能够接受妮古拉有与其他男人睡觉的权利。但妮古拉却告诉他,另一个男人对她来说并不意味着什么,她爱的仍然是菲利普。

不久以后,妮古拉又有了第三次新爱,菲利普再次向她表达了愤怒与嫉妒之情。但是,妮古拉又一次向他保证这个男人在她看来什么也不是。菲利普虽然接受了妮古拉的行为,但另一方面他又感到妮古拉背叛了他。然而,他似乎说什么也离不开她,也不可能去找另外一个女人并与之相爱。他已经完全无能为力了。也就是说，他既无法改变他和妮古拉的关系，也不能解除这种关系。菲利普正是在这种情况下，才来找罗洛·梅进行心理治疗的。

当菲利普第一次走进罗洛·梅的办公室时，他浑身瘫软，不愿意说话，什么也不想干。罗洛·梅在治疗交往中发现了菲利普在成年后与女人建立关系（包括他的两次婚姻）的模式，实际上与他童年时的家庭状况有关。他有一个患有边缘性精神分裂症的母亲和一个患有精神分裂症的姐姐。为了能在这样的家庭中生存，他从小就形成了与两个完全无法预料的女人打交道的一些固定的行为模式。例如，放学回家时，他必须踮着脚尖"查看"一下房子，看看他的母亲和姐姐心情怎样，然后再决定采取什么行动。但是，菲利普本人却并不承认他的这种命运，而且他一直在力求找一个"好"母亲，以补偿他童年经历中的那个"坏"母亲。因此他年复一年地审视着他所见过的每一个女人。正因为如此，他才既不能理解也没有勇气面对他的命运。他过着孤独的生活，渴望找到一种爱来填充他心中的空虚。在寻求心理治疗时，他又试图为其命运做些补偿，有意识地加以否认。

经过分析之后，罗洛·梅指出，和其他人一样，菲利普也有改变其命运的自由。但这种改变的条件是：首先，他必须承认自己的命运，承认他有自己不可改变的生物的、社会的和心理上的局限性。其次，他必须有勇气在这些局限性之中作出自由的选择。

他虽然出生在一个他根本就不愿意选择的家庭中，这并不意味着他没有改变命运的自由。菲利普不能或不愿意承认他的命运，这样做反而使他失去了个人自由。因为否认其命运并不能摆脱这种命运，因此他的行为方式始终与其家庭有关。他以同样的方式对待以前的妻子和妮古拉，这种方式是他早年生活中对待其母亲和姐姐的一种成功的方式。因此，他不敢向女人表示愤怒，而是采取了一种极其友好的态度，这种态度多少带有保护和占有对方的欲望。

罗洛·梅针对菲利普的症状进行了耐心的分析治疗，他坚持认为，"我们每个人的自由和我们对抗命运的程度以及我们与命运建立联系的程度有关。"[①]罗洛·梅采用角色扮演的方式，让菲利普和死去的母亲进行了一次对话，从而使菲利普和罗洛·梅更真切地体验到菲利普儿时的心理活动。就连菲利普自己也感叹说："我无论如何也想不到会有这样的事情发生。"

经过几个星期的心理治疗，菲利普把内心的郁闷发泄出来，从而使他获得了部分的自由，至少他能够开始说出他的内心感受了。菲利普不再否认其命运，也不再抱怨他的母亲没能做到她应该做到的事情。当他在回忆中逐渐发现母亲确实尽力做过一些积极的事情时，他便开始改变对她的态度了。他的童年期的客观事实虽然没有改变，但他的主观知觉改变了。当他开始与其命运建立

---

① May R. Freedom and Destiny[M]. New York: Norton,1981.

起了协调一致的关系,并勇敢地与其命运抗争时,他便能很自然地表达他的愤怒了。通过对他的姐姐的回顾,菲利普发现,自己经常把姐姐和妮古拉相等同,从而对妮古拉产生了一种害怕失去控制,因而过分控制的心理防御机制。他不再认为他和妮古拉的关系是个陷阱。相反,他能更多地觉知到自己存在的各种可能性,因而他对其未来生活的信心开始增加。换句话说,他获得了存在的自由和基本的自由。菲利普在做了最后一次咨询之后,心态发生了很大改变,他加入了一个艺术家组成的旅游团体,从事旅游、艺术创作和写生,后来成为一个建筑师。

从罗洛·梅对自由与命运关系的探讨,我们赞成罗洛·梅的观点。自由不是肆无忌惮地为所欲为,而是来源于个体与命运的抗争。在正常情况下人人都有行动的自由,但许多人缺少的是基本的自由,也就是驾驭自我的命运,使外部行动与内部存在协调一致的自由。这就需要人们作出负责任的自由选择,从而改变自己的命运。有人虽然身躯被囚禁,失去了人身自由,但他的内心深处却是自由的,就像著名心理学家维克多·弗兰克尔(Viktor Frankl,1905—1997)在奥斯维辛集中营里度过的三年时光那样;有人虽然外部行动不受任何限制,却常常感受到内心不自由。因此只有通过深刻的内心探索,勇敢地面对命运的挑战,积极地作出自由的选择,才能达到真正的自由。

# 后 记

Epilogue

罗洛·梅是美国存在精神分析和存在主义心理学的主要代表，他于1958年第一次把欧洲的存在主义哲学和存在主义心理治疗引入美国，并在自己的心理咨询和治疗实践中进行了创造性的改造和发展，形成了独具特色的存在主义心理学理论和存在主义心理治疗观。罗洛·梅和美国人本主义心理学家密切合作，促成了20世纪60年代以来美国人本主义心理学运动的诞生和发展，成为美国人本主义心理学早期思潮中的两大主要研究方向之一，其中一方是以马斯洛、罗杰斯等人为代表的主张自我实现的人本主义倾向，另一方就是以罗洛·梅和布根塔尔等人为代表的主张自由选择的存在主义倾向。

追根溯源，存在主义心理学的思想早在我国古老的东方文化和古希腊苏格拉底、亚里士多德等人的学说中都有迹可寻，但在近代则主要起源于欧洲的存在主义哲学，丹麦哲学家克尔恺郭尔是存在主义哲学早期的主要创立者。面对欧洲社会令人窒息的宗教禁忌和西方科学的唯客观主义倾向，克尔恺郭尔予以强烈批评，认为这种对主观经验的限制性体验是导致人们产生"畏惧"和"焦虑"的根本原因，它使个体的自由陷入危机之中。因此，克尔恺郭尔呼吁人们转换价值观，把机械的、外化的生活转向以主体为中心的、可以自由选择的、富有活力的生活。克尔恺郭尔的这种人生哲学深刻地影响了罗洛·梅，再加上德裔美籍存在神学家保罗·蒂利希对他的深刻影响和他自己的人生体验，罗洛·梅逐渐走上了存在主义心理学理论研究和存在主义心理治疗的实践探索道路。

20世纪中叶，罗洛·梅将欧洲的存在主义心理学介绍到美国，唤起了许多美国人对人生价值和存在命运的关注，也揭开了美国存在主义心理学发展的历史序幕。半个多世纪以来，存在主义心理学在美国经历了一系列发展变化的曲折历程，形成了颇有影响的存在主义心理学理论体系和存在主义心理治疗取向。罗洛·梅的学术思想和实践探索在美国乃至全世界都产生了重大影响。1994年罗洛·梅去世后，他的后继者詹姆斯·布根塔尔和欧文·雅洛姆（Irvin Yalom，1931— ）成为存在主义心理学和存在主义心理治疗的主要代表人物，但布根塔尔也于2008年去世，目前健在的老一辈存在主义心理学家主要是雅洛姆。罗洛·梅的忠实追随者，当代人本主义心理学的主要代言人科克·施奈德也是著名的存在主义心理学家和存在主义心理治疗师，他在系统分析、归纳和整理存在主义心理学思想和其他各派心理治疗理论的基础上，提出了存在-整合心理治疗的理论观点，显示了存在主义心理学包容和兼收并蓄的特点。美国杜肯大学的阿德里安·凡·卡姆（Adrian van Kaam，1920—2007）也同样把精神分析、人本主义和存在主义心理学的观点相结合，提出了一种整合的人格形成的存在主义心理学理论。总之，美国存在主义心理学依然在一些新领导者的带领下继续发展。概括地说，美国存在主义心理学还在以下方面取得了一些重要进展：（1）强调对话（dialogue）在存在主义心理学研究和存在心理治疗中的作用，也就是重视医患之间通过对话而产生心灵交会；（2）重视主体的内在体验，尤其是本真体验的心理学研究；（3）在人格心理学领域取得了一些新的进展，但同时也产生了一些激烈的争论；（4）开始重视现象学分析方法与实证研究的结合，表现出一种方法融合的倾向。

这本《人为什么需要存在感：罗洛·梅的存在主义心理学》是我几十年研习西方心理学史，尤其是对罗洛·梅存在心理学思想进行多年悉心研究的心血之作。1982年2月，我大学本科毕业留校后，在山东师范大学教育系担任著名心理学家章益教授的助手，此时我开始跟随章老学习西方心理学史，对人本主义心理学开始有了初步的了解。在北京师范大学心理学系攻读硕士学位期间，又跟随李汉松教授系统学习了西方心理学史，从中科院心理所林方教授那里学到了很多关于人本主义心理学的理论观点。后来在吉林大学读博士期间，在车文博教授的启发和指点下，我着力以罗洛·梅的存在主义心理学研究为研究主题，完成了我的博士论文。在此后的学术生涯中，我除了教学之外，在学术研究方面主要从事精神分析心理学、存在主义心理学和道德教育心理学、家庭教育心理学、大学生心理咨询和心理健康教育研究，陆陆续续地出版了十几本与此有关的学术专著，还翻译出版了40多本这些领域的有关著作，使我对罗洛·梅及其他心理学家的学术思想有了更加深刻的理解。

从20世纪90年代开始，我和许多美国人本主义心理学家建立了多方面的学术联系，美国《人本主义心理学杂志》前主编托马斯·格林宁（Thomas Greening）教授曾给我寄来一大批关于人本主义心理学的文章，尤其是人本主义教育方面的论文；美国人本主义心理学会第一任主席詹姆斯·布根塔尔给我寄来了他的成名作《本真的寻求：心理治疗的存在–分析取向》（*The Search for Authenticity: An Existential-analytic Approach to Psychotherapy*）。2010年我去美国加利福尼亚大学伯克利分校做访问学者期间，美国人本主义心理学的代言人科克·施奈德教授开车接我到旧金山他的家中小住了几天，我们进行了深入开心的存在主义心理学思想的交流，并由此建立了长期的友谊。2014年，我和我国著名存在主义心理治疗师王学富博士一起应邀在英国参加了第一届世界存在主义心理治疗大会，结识了存在主义心理治疗领域许多国际知名的学者和从事私人执业的存在主义心理咨询师与治疗师，使我对这个领域的研究和领悟愈益深厚，兴趣愈浓。

在许多老师和朋友的热情帮助下，我一直没有中断存在主义和精神分析心理学思想的研究。最近，杭州蓝狮子文化创意股份有限公司的宣佳丽编辑与我联系，邀请我撰写这本新作，使我有机会再次深入思考罗洛·梅的人生之路和学术思想的发展轨迹。希望今后随着研究视野的拓展，能够获得一些更新颖、独特和深邃的发现，也希望本书能够唤起更多的研究者致力于存在心理学和存在心理咨询与治疗的研究，帮助那些深受心理疾病折磨的人在人生成长和发展的道路上重新找到人生的存在感，发掘出人生的存在价值。本书面向对心理学感兴趣的普通读者，从确定选题到完成书稿历时10个月，宣佳丽编辑和她的同事傅雅昕编辑反复多次逐字逐句地修改提炼，提出了很多宝贵的建议，对她们的敬业精神我深感钦佩。值此本书出版之际，特意向两位编辑表示感谢，也恳请广大读者不吝指正。

杨韶刚<br>
2023年8月<br>
喀什大学

图书在版编目（CIP）数据

人，为什么需要存在感：罗洛·梅谈死亡焦虑 / 杨韶刚著. -- 北京：北京联合出版公司，2024.4
ISBN 978-7-5596-7326-8

Ⅰ.①人… Ⅱ.①杨… Ⅲ.①死亡—心理—研究 Ⅳ.①B845.9

中国国家版本馆CIP数据核字(2023)第241752号

## 人，为什么需要存在感：罗洛·梅谈死亡焦虑

作　　者：杨韶刚
出 品 人：赵红仕
责任编辑：徐　樟
封面设计：王梦珂

北京联合出版公司出版
（北京市西城区德外大街83号楼9层 100088）
北京联合天畅文化传播公司发行
北京美图印务有限公司印刷　新华书店经销

字数190千字　880毫米×1230毫米　1/32　9.125印张
2024年4月第1版　2024年4月第1次印刷
ISBN 978-7-5596-7326-8
定价：68.00元

**版权所有，侵权必究**
未经书面许可，不得以任何方式转载、复制、翻印本书部分或全部内容
本书若有质量问题，请与本公司图书销售中心联系调换。电话：（010）64258472-800